日本の
爬虫類
両生類
野外観察図鑑
Field Guide to
the Reptile and Amphibians
of Japan

Introduction

　拙著『日本の爬虫類・両生類生態図鑑』では、彼らの奥深さを知ってもらいという気持ちを込め、1種類について可能なかぎりたくさんの個体や地域個体群を掲載しました。ある程度の地域的な傾向があるにしても、同種でこれだけ個体間に幅が見られると、たくさんの個体を掲載することが同定の近道ではないものかという考えもあったためです。たとえば、この山のヤマカガシはこういう模様をしているとはっきり言うことができません。模様のない褐色のパターンが多いけれど、時々、黒いタイプと派手なタイプもいる、といった返答になります。捕まえて鱗の枚数を数えてください、とも毒蛇なので言いにくいし、数えなくても十分種類がわかると思います。撮影をしておくと、拡大して見ることもできるし、さらに同定の手助けとなるでしょう。

　さて、その後も各地で観察を続けていくと、僕の知らないタイプの爬虫類・両生類たちに次々と出会いました。各地のフィールドに行くたびに今でも驚きの連続です。2020年の増補改訂では初版以降に得られた写真を100枚以上追加したほどですが、どうやら先はまだまだ長いようです。おかげさまで同書制作後にはさまざまな反響を頂きました。各種類ごとの細かな写真はそちらに譲り、要望の多かった大きな写真と撮影データを掲載して、さらにフィールドでのエピソードや観察方法・撮影・採集・飼育について紹介していきます。法律で規制されている種はもちろん、個人的に飼うべき種類でないと判断したものは独断で省きました。とはいえ、「飼育から学べること」はたくさんあって、連れて帰って手元でじっくりと観察することで、フィールド観察のみでは到底得られないような知見に気がつくこともあれば、逆に飼育経験が屋外観察の際に役立つこともあります。飼育も屋外観察も調査も研究も、相手は同じ爬虫類・両生類です。考えかたやアプローチに共通事項が多いのは当たり前のことなのでしょう。爬虫類・両生類をより深く知るためには、どれも役に立つ大事な取り組みだと考えています。また、「爬虫類や両生類の撮影を精力的にしていきたい」という声を耳にする機会が増しています。観察だけではなく撮影をするというのは、フィールド観察の記録にもなるし、満足した写真が撮れた時は嬉しくなるでしょう。撮影して帰宅後、じっくりと写真を拡大して眺めてみると、肉眼ではわからなかったような部分まで知ることもあります。観察の際はぜひ撮影してみてください。野外観察がより楽しくなるはずです。

　ひと口に爬虫類・両生類と言っても生活場所や出現時期はさまざまで、撮影の方法も変わってくるので、本書では自身の経験からそれらを紹介していきます。撮影方法や探しかたについて我流による部分が多々あるのはどうかご了承ください。参考になる箇所が少しでもあればと考えています。本書を通じて、フィールド観察にプラスして撮影や飼育の楽しさを知るきっかけとなれば嬉しいです。

　より多くの方々が、日本に暮らす爬虫類・両生類たちを深く知ることで、ますます大事に考えてもらえたら、結果的に彼らの保全にも繋がってくると信じています。

CONTENTS

爬 虫 類 ・ 両 生 類 の

撮 影

148

爬 虫 類 ・ 両 生 類 の

観 察

158

爬 虫 類 ・ 両 生 類 の

捕 獲 と 飼 育

182

雨上がりの朝に 里山で出会った ヤマグチサンショウウオ

　西日本を代表する里山の住人"カスミサンショウウオ"。ヤマグチサンショウウオは"カスミサンショウウオ"から分割・新種記載されたものの1つで、場所により個体数は安定しているように感じる。雨天の日は夜間を主に活動し、繁殖場所を目指したり、餌探しをする姿を観察できる。道路上で轢かれていることも多いので、1〜3月頃の繁殖シーズンに里山を走行する際には安全運転をお願いしたい。

"カスミサンショウウオ"を含め、サンショウウオを見分ける一番の方法は、生息地から判断すること。外見上でも差異が見られるものの、筆者でも撮影地のインフォメーションがないと同定は難しい。

📷 撮影 DATA ‖ レンズ 15mm ‖ ISO感度 400 ‖ シャッター速度 1/60秒 ‖ F値 ― ‖ 撮影地 山口県

📝 撮影 MEMO ‖ 雨あがりの朝、里山で出会ったヤマグチサンショウウオ。曇り空で光量不足のため、全体の光量バランスを測定しながら、サンショウウオへ向けてかるくストロボ発光した。

個体ごとに細部まで注目したい
アカハライモリ

よく尋ねられる質問に「アカハライモリの地域ごとの特徴を教えてほしい」というのがある。実際、各地で観察してさまざまなイモリを見てみると、はっきりと答えられないのが実状だ。ある程度の地域性が見られるものの、同じ川でも上流と下流域で外見的傾向が異なるので、同水系ですら違うような印象を受ける。撮影地が掲載されているからといって、それがその地域の特徴とは限らない。

こちらは山口県で撮影したアカハライモリ。水の中が生活場所と思われているが、探してみると水辺付近の草むらなどからもよく見つかる。

📷 **撮影 DATA** ∥ レンズ 10.5mm ∥ ISO感度 400
∥ シャッター速度 1/30秒 ∥ F値 f/11 ∥ 撮影地 長崎県

📝 **撮影 MEMO** ∥ 温暖なせいか、真冬にもかかわらず早くも水場に集まり始めていた五島列島のアカハライモリ。四肢までドット模様の入る個体が目立った。三脚を用いて広角マクロにて撮影。

法面も生活場所の1つ
ヤクヤモリ

屋久島を中心に宮崎県の一部などにも分布するヤクヤモリ。日本のヤモリでは大型な部類でなかなかかっこいい姿をしている。多くの壁面棲ヤモリは、住居などの人工物を棲み家にしているが、道路脇の法面のパイプも生活場所の1つ。ライトを向けて中を覗いてみると、餌となる小さな昆虫類などもたくさん見られ、海岸線から山中まで、パイプ内から種々の爬虫類・両生類たちを観察できる。

腹部を撮影するには、透明なアクリル板などに乗せて裏側から撮ってもいいし、このように車の窓にそっと乗せて車内から撮影してもいい。再生尾だが、これも野生の姿。

📷 撮影DATA ‖ レンズ 15㎜ ‖ ISO感度 400 ‖ シャッター速度 1/60秒 ‖ F値 — ‖ 撮影地 宮崎県

📄 撮影MEMO ‖ 法面のパイプやつる植物の茂みなどをよく観察すると、ヤモリが潜んでいることがある。右は海岸線を走る国道沿いの壁面で出会ったもの。

地元で大切に
守られ続ける希種
トサシミズサンショウウオ

調査は卵嚢数以外にも成体サイズや体重なども測定。乾燥化する林など心配も多いが、地元民の努力の甲斐もあり、2020年現在もトサシミズサンショウウオはその繁殖行動をわれわれに見せてくれた。

📷 撮影DATA‖レンズ 24-85mm（45mm付近で撮影）‖ISO感度 400‖シャッター速度 1/125秒‖F値 f/11‖撮影地 高知県

📝 撮影MEMO‖地元での保全活動は熱心で、その努力に感動した。新種記載される以前から地域個体群として大事にされ、人工池を設けたりと、現在もなお環境を守り続けている。

高知県のごく一部に分布するトサシミズサンショウウオは、近年、オオイタサンショウウオから分割・新種記載された種。熱心に保全活動を続ける地元の動物園・水族館の調査に同行させてもらった。生息地はとある山中に設けられた人工的な水場周辺に限られ、卵嚢数の調査や成体数などが記録されて大事に守られ続けている。

対馬では普通種
ツシマアカガエル

　長崎県の対馬に分布するツシマアカガエルとチョウセンヤマアカガエル。両者の見分けかたは容易で、成体サイズが断然違う。若い個体などの場合は、腹部の斑紋でわかる。大型のチョウセンヤマアカガエルに出会う機会は非常に少なく、観察できるアカガエルのほとんどが小型のツシマアカガエルだ。ほぼニホンアマガエルほどの大きさのかわいらしいカエルである。

同種でも色彩や斑紋には個体差が見られる。何度か対馬へは渡ったが、毎回多数のツシマアカガエルに出会う。海岸線から山中の林までさまざまな場所に暮らしている。

📷 **撮影DATA** ║ レンズ 105mm ║ ISO感度 400
║ シャッター速度 1/200秒 ║ F値 f/13 ║ 撮影地 長崎県

📋 **撮影MEMO** ║ 2月は彼らの繁殖期にあたり、島のさまざまな水場で繁殖行動を観察できる。ペアを撮影する場合、主題となるほうか、手前のカエルの目にピントを合わせる。

がっしりした体格が特徴的
アブサンショウウオ

WINTER

季節ごとの観察　冬　12〜2月

Dec. ▶▶▶ Feb.

Field Guide to
the Reptile and Amphibians
of Japan

日本の
爬虫類
両生類
野外観察図鑑

　"カスミサンショウウオ"から分割・新種記載されたアブサンショウウオ。成体の体格は立派で、卵嚢のサイズも大型。島根県と山口県の県境付近に局所分布する種で、生息地が点在する。個体数は少なくないが、開発などの影響を受けやすい里山に暮らしているため、見守っていきたい種の1つだ。筆者も毎年、観察に赴いて彼らの状況を観察し続けている。

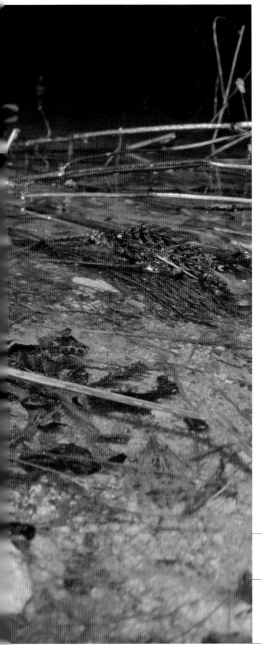

暗くなると水底から現れ始めるオス。メスが来るのを待っているのだろう。筆者も彼らと一緒に夕方からじっとメスを待った。極寒のなか、凍えながらの待機である。たいていどこの水場でもまずアカハライモリが現れ、かるく失望させられた後、メスが登場する傾向にある。

🖼 撮影DATA ‖ レンズ 10.5mm ‖ ISO感度 800
‖ シャッター速度 1/80秒 ‖ F値 f/11 ‖ 撮影地 山口県

📝 撮影MEMO ‖ 初めて出会った時はマイナス5℃の大雪の日だった。凍えながらの撮影だったが、極寒でもたくましく繁殖行動を行う彼らに勇気づけられたものである。

青白く輝く、
産み落とされたばかりの卵嚢
セトウチサンショウウオ

撮影 DATA ‖ レンズ 105mm ‖ ISO感度 100
‖ シャッター速度 1/250秒 ‖ F値 f/18 ‖ 撮影地 兵庫県

撮影 MEMO ‖ 水中撮影にはいくつかの方法がある。防水機能
のついたカメラならそのまま入水できるが、そうでない場合は水槽や
透明な窓を付けた自作のケースにカメラを入れて沈める。光が届き
にくいので、ストロボは強めに発光させるとシャープに撮影できる。

　　キタサンショウウオを除く止水性サンショウウオの卵嚢は通常、青白く光ら
ないが、産み落とされてしばらくの間は輝いて見応えがある。繁殖シーズンに
水場に集まるオスは、枝などに陣取ってメスを待つ。すでに卵嚢が産みつけら
れた枝などは良いポイントのようで、複数匹のオスが争うようにポジション争
いをすることも。

なかなか出会えない
対馬の大きなアカガエル
チョウセンヤマアカガエル

　幅広でがっしりした体型の本種は、普通に観察できるツシマアカガエルに比べて見る機会はずっと少ない。そもそもの生息密度が異なるようで、何千匹とツシマアカガエルが集まっているなか、本種に出会えたのはわずか数匹だけだった。探しかたが下手なだけかもしれないが。普段は他のアカガエルと同じく、森や林などの林床で暮らす。

本種に初めて出会ったのは6回目の対馬だっただろうか。なかなか苦労させられたカエルだ。なお、対馬のニホンアマガエルはやたら巨大なものがいる。同島に訪れた際は見応えがあるので、たかがアマガエルと思わずによく観察してみてほしい。

📷 撮影DATA ‖ レンズ 10.5mm ‖ ISO感度 400 ‖ シャッター速度 1/60秒 ‖ F値 f/11 ‖ 撮影地 長崎県

📝 撮影MEMO ‖ 出会った場所は、山中の林縁部で付近にはゴミが散乱していた。糸屑のようなものが後肢にまとわりついているが、誤飲しないことを祈るばかりである。

霞から大和へ
ヤマトサンショウウオ

Field Guide to
the Reptile and Amphibians
of Japan

日本の
爬虫類
両生類
野外観察図鑑

　愛知県から三重県・奈良県・岐阜県・京都府・滋賀県・大阪府あたりに分布する"カスミサンショウウオ"は現在、ヤマトサンショウウオという種となった。東海地方の"オワリサンショウウオ"も本種にあたる。生息地のほとんどが局所的で、各地で熱心な保全活動が行われている。次世代の生き物好きが観察できるよう大事にしていきたいものだ。

サンショウウオは水の中の生き物と思われがちだが、実際は繁殖期以外、林床が主な生活場所。観察の際は、水中だけではなく周辺にも目を向けてほしい。

◉ 撮影DATA ‖ レンズ 15mm ‖ ISO感度 400
‖ シャッター速度 1/30秒 ‖ F値 ― ‖ 撮影地 京都府

📄 撮影MEMO ‖ サンショウウオ目線で写す場合、以前は地面に伏せていたが、近年のデジカメは可動式液晶モニターを搭載している機種があり、便利な時代となった。撮影の際はさまざまな角度の目線を意識してみよう。

隠蔽種が含まれると
思われるミナミヤモリ

Field Guide to
the Reptile and Amphibians
of Japan

日本の
爬虫類
両生類
野外観察図鑑

鹿児島県と沖縄県に広く分布するミナミヤモリ。地理的な差異も見られ、複数の隠蔽種が含まれているのではないかと言われている。ニホンヤモリなどと同じく壁面棲で、さまざまな建造物やその周辺で観察できる。撮影しておくと、後で異なる地域で撮ったミナミヤモリを見比べることも可能だろう。

国道沿いにある休憩施設にいたミナミヤモリで、幸い、周辺に誰もおらず、存分にストロボを用いて撮影できた。何をしているかと尋ねられるのも筆者としては面倒なのである。

🔲 撮影 DATA ‖ レンズ 10.5㎜ ‖ ISO感度 400
‖ シャッター速度 1/200秒 ‖ F値 f/22 ‖ 撮影地 鹿児島県

📝 撮影 MEMO ‖ 住居などの建造物で多く観察される壁面棲ヤモリ。彼らの撮影で最も厄介なのがストロボ発光だ。見知らぬ家の玄関で見かけたら、そこへ向けてなかなかストロボを用いるわけにいかない。ライトを当てても怒られかねない。不審者扱いされても困るので、筆者は潔く諦めることにしている。

天然記念物の
止水性サンショウウオ
アベサンショウウオ

　こちらも調査に同行しての撮影である。国内希少野生動植物種のほか、京都府の天然記念物に指定されており、撮影自体は行えるものの、生息地での捕獲などは禁止。本種は里山に暮らす種であり、繁殖している水場が私有地なこともある。地元有志による熱心な保全活動が行われており、寒いなか、卵嚢数の調査などが毎年続けられている。降雪前後の12月下旬からが繁殖期。

繁殖期のオスは尾が幅広くなり、総排泄口付近も大きく膨らむ。

撮影 DATA ‖ レンズ 10.5mm ‖ ISO感度 400 ‖ シャッター速度 1/125秒 ‖ F値 f/3.2 ‖ 撮影地 福井県

撮影 MEMO ‖ 極寒の撮影では防寒対策が不可欠。長靴にカイロを入れてから履き、時折、地元の方々のお宅で暖を取らせてもらいながら観察と撮影を行った。ありがたい。

四国の旧コガタブチサンショウウオの1つ
イヨシマサンショウウオ

かつてブチサンショウウオから分割・新種記載されたコガタブチサンショウウオは、近年になってさらに4種に分けられた。四国にはうち2種がおり、本種はその1つ。大理石模様の上品な外見で、剣山周辺を除く四国の山地に生息する。コガタブチグループはどれも小型で頭部が小さく、円筒形の尾をした仲間。少々不細工なバランスが筆者としてはとても愛らしく感じる。

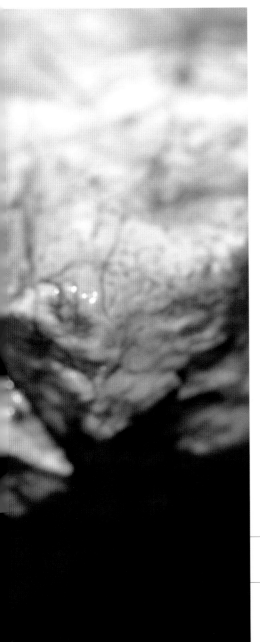

模様や体色には個体間でけっこう幅が見られる。同所的に分布するイシヅチサンショウウオよりも観察機会が少ないのは、個体数が少ないのではなく、本種がより隠棲的な生活を送っていることによる。

📷 撮影DATA ‖ レンズ 105mm ‖ ISO感度 100
‖ シャッター速度 1/250秒 ‖ F値 f/20 ‖ 撮影地 高知県

📝 撮影MEMO ‖ 小型種のアップを捉えるべく、105mmのマクロレンズで絞って撮影。チャームポイントと思ったら、そこに寄って撮ってみてもおもしろい。

サンショウウオの 同定に役立つ卵嚢観察 イワミサンショウウオ

観察場所と卵嚢の形状以外の種の同定方法は、後肢の指の本数というものがある。ここで撮影した本種は4本と5本の個体がいて、結局、場所からの同定となった。体側に入る皺の本数なども種ごとに決まっているが、現地で捕まえて計測するよりも撮影して画像から数えたほうが生体へのダメージが少ない。口腔内の歯の並びも重要な手がかりとなるが、筆者は行ったことがなく、そこまでしなくても同定できることがほとんどである。

📷 撮影DATA ‖ レンズ 105mm ‖ ISO感度 400 ‖ シャッター速度 1/125秒 ‖ F値 f/10 ‖ 撮影地 島根県

📝 撮影MEMO ‖ 水中にある卵嚢を撮影する際、ストロボ発光するなら反射に注意する。発光面が水面に写り込むことがあるので、液晶モニターで確認しながらカメラやストロボの角度・距離を変えてみる。

　近年新種記載が相次ぎ、多くの愛好家を悩ませているサンショウウオ。同定が難しく、多くの場合は観察した地域から種を見極めることになるが、卵嚢もその手がかりとなることが多い。クロワッサン状・細長いバナナ状・コイル状といった形状のほか、表面に細かな皺が入るかどうかなど、種ごとにある程度の差異が見られる。

残雪のきわで春を待つ ハコネサンショウウオ

　雪の多かった年、広島県のとある山中に出かけてみると、例年なら残雪がないはずの登山道が途中までしか進めなかったことがあった。春の雪は固く圧縮され、とても前に進めそうにない。仕方なく付近を探索すると、残雪の周縁部で雪解けの水を待ちかまえているかのようにハコネサンショウウオが何匹が現れてくれた。さすがの彼らもこの雪で、これ以上進めなかったのだろうか。

雪解け間近の山はまだ植物が生い茂り始めたばかりだった。雪の下から露呈した緑や落ち葉もぺたんとしている。これからどんどん茂ってゆくのだろう。

📷 撮影DATA ‖ レンズ 10.5㎜ ‖ ISO感度 400 ‖ シャッター速度 1/125秒 ‖ F値 f/11 ‖ 撮影地 広島県

📝 撮影MEMO ‖ 雪が残っていたせいか周辺の反射光が強く、ストロボを使用。発光量を何段階か調整し周辺が暗くならないように意識した。

桜の開花と
ハコネサンショウウオ
カエル顔が愛らしい

　雨の晩の翌朝、山全体がしっとりと濡れた林道のそばでハコネサンショウウオに出会った。向こうにぼんやりと山桜が咲いている。思えば、往路、麓では桜祭りが開催されていたっけ。多くの爬虫類・両生類が活発になる指標として、僕は桜の開花を気にかけている。連動していることが多く、桜の花を見かけるとフィールドへ行きたくてむずむずしてくるのだ。

ハコネサンショウウオは関東以西の本州に広く分布し、色彩や斑紋には地域性に加えて個体間の幅が見られる。いずれにせよ、目の突き出たカエルのような顔つきは特徴的で愛らしい。

📷 撮影 DATA ‖ レンズ 10.5mm ‖ ISO感度 800 ‖ シャッター速度 1/60秒 ‖ F値 f/6.3 ‖ 撮影地 岐阜県

📋 撮影 MEMO ‖ 主眼としたのは特徴的なカエル顔のシルエット。天候が悪いのと時間帯的にやや光量不足だったため、感度を少し上げた。桜が写り込むよう縦位置で、ストロボを弱く発光して撮影。

ハコネの幼生は不細工な顔つき
観察は一年中行える

📷 **撮影DATA** ‖ レンズ 105mm ‖ ISO感度 100 ‖ シャッター速度 1/250秒 ‖ F値 f/18 ‖ 撮影地 京都府

📋 **撮影MEMO** ‖ 幼生にはサイズ差が見られ、1年目・2年目と地域によって3年目の個体が見られる。不細工からかわいいに変わるのはどこかしらと探りたくなり、上陸の近い幼生を探してみた。成体に近い色と模様をしていたものの、まだ不細工な表情に笑ってしまった。

Field Guide to
the Reptile and Amphibians
of Japan

日本の
爬虫類
両生類
野外観察図鑑

　上陸するまでに2〜3年要するハコネサンショウウオは、年間を通して観察することができる。冬場は雪で行けない源流域がほとんどだが、分布域が広いので場所によっては真冬でも出会える。成体の観察難易度は高いとされ（探しかたによる）、卵嚢に至っては発見例すら少ない一方、幼生の観察は里山の止水性サンショウウオよりも機会が多い。僕の主観だが、かわいい成体に比べ、幼生の顔は四角くて不細工。

そうではないと思っていたものの、もしかしたらここのハコネは成体まで不細工なのだろうかと付近を探すと、出てきた成体はやっぱりかわいい顔。大きな幼生は10cmほどもあり、ようやく成体を見つけたと思って、よく観察すると幼生特有の外鰓が見えてがっかり。というのは、僕の中でよくある話。

行動的な
ハコネ観察のコツ
生活史を見極めて
会いに行く

　流水性と呼ばれる源流域周辺で暮らすサンショウウオ観察は通常、繁殖期がメインとなる。卵嚢を探し、それが見つかったらその沢には成体がいる証。人数をかけていかに石をひっくり返していくかなのだが、ハコネサンショウウオの成体は卵嚢そのものが見つからず、難儀なことがほとんど。ただし、ハコネサンショウウオは行動的で、雨天などは活発になるので、そこが狙い目となる。

生息地では路上を徘徊していることも多く、その分、轢かれているものもよく見かける。われわれ生き物好きは、せめて注意してゆっくり走行しよう。

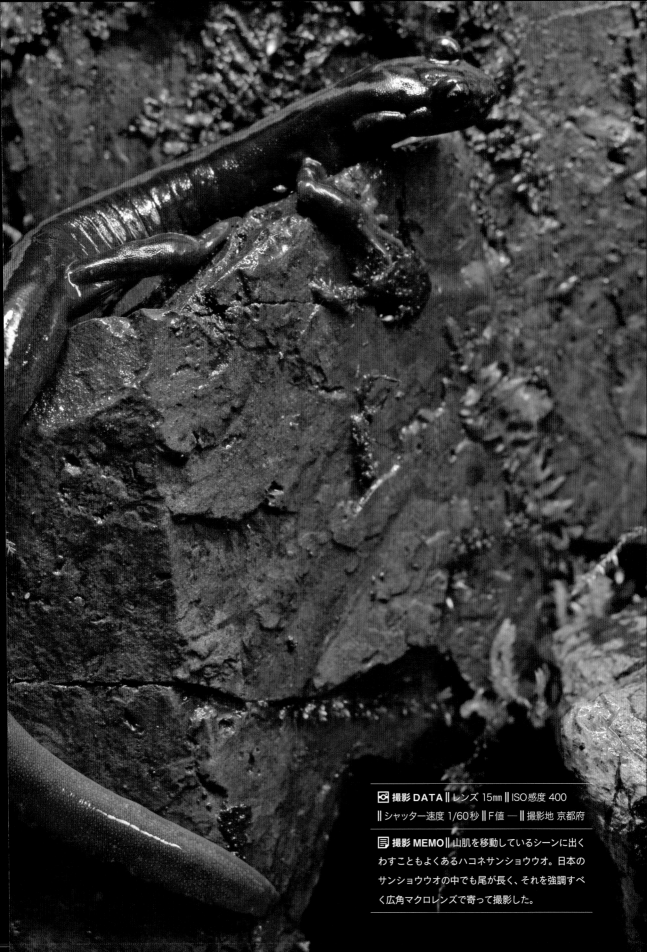

撮影 DATA ‖ レンズ 15mm ‖ ISO感度 400
‖ シャッター速度 1/60秒 ‖ F値 — ‖ 撮影地 京都府

撮影 MEMO ‖ 山肌を移動しているシーンに出く
わすこともよくあるハコネサンショウウオ。日本の
サンショウウオの中でも尾が長く、それを強調すべ
く広角マクロレンズで寄って撮影した。

山中で出会った"幻のヘビ"
シロマダラ

Field Guide to
the Reptile and Amphibians
of Japan

日 本 の
爬 虫 類
両 生 類
野 外 観 察 図 鑑

タカチホヘビと並び、本州では"幻のヘビ"と呼ばれるシロマダラ。僕の探索に合っているのか、最もよく出会うヘビの1つで、たいていは渓流付近だ。小型で爬虫類食の本種がいる場所にはタカチホヘビがいることもある。写真は沢沿いの登山道のがれ場付近で撮影したもの。

沢沿いの林道などにもよく出没する。小さなヘビだがなかなか威勢がよく、近づくとＳ字になって攻撃姿勢を取るものも多い。

📷 撮影 DATA ∥レンズ 10.5mm ∥ISO感度 100 ∥シャッター速度 1秒 ∥F値 f/13 ∥撮影地 京都府

📝 撮影 MEMO∥ 後ろを流れる沢をスローシャッターで写し込むため、勇気を持って1秒まで落として撮った。被写体ブレがほとんどだったが、枚数を重ねてカバーした。

夜明け前に岩上で休む リュウキュウヤマガメ

　　沖縄には天然記念物に指定されている森林棲のカメがいる。リュウキュウヤマガメだ。まだ日が昇る前の薄暗い森に足を踏み入れると、大きな岩の上でリュウキュウヤマガメが休んでいた。日光浴にはまだ早いが、その準備をしているのかしら……。理由が分からず、しばらく観察を続けていると、やがて木漏れ日から朝日が差し込んできた。

弱めにストロボを発光し、木漏れ日をメインの光源とした。

📷 撮影DATA ‖ レンズ 24-85mm（45mm付近で撮影）‖ ISO感度 400 ‖ シャッター速度 1/125秒 ‖ F値 f/3.2 ‖ 撮影地 沖縄県

📝 撮影MEMO ‖ 薄暗いためストロボを使用し、ズームレンズで遠めの位置から撮影したもの。苔むした岩のような、うっすら苔が生えている個体も見かける。

急な斜面もへっちゃら
林道脇に佇む
ヤンバルガーミー

　　ヤンバルガーミーとはリュウキュウヤマガメの地方名。密猟や生息地の開発などにより個体数が減っており、観察機会が失われつつあるのが残念である。保全にあたり、移入種との交雑などその他さまざまな問題があるのが実情だ。本種は名のとおり山に暮らすカメだけあり、斜面にへばりつくようにしていた個体にも出会ったこともある。

カメ目線で撮るため液晶モニターを可動させ、地面にカメラを置くようにして撮影。

📷 **撮影DATA** ‖ レンズ 24-85mm（45mm付近で撮影）‖ ISO感度 100 ‖ シャッター速度 1/250秒 ‖ F値 f/2.8 ‖ 撮影地 沖縄県

📄 **撮影MEMO** ‖ あえて林道を少し写し込み、カメの存在感を引き立てるべく開放値で撮影。ピントが合いにくいので、枚数を多めに撮影すると同時に、液晶モニターで拡大・確認して成功率を上げた。

危険な国道を横切る
クロサンショウウオ

📷 **撮影DATA** ‖ レンズ 10.5mm ‖ ISO感度 400 ‖ シャッター速度 1秒 ‖ F値 f/9 ‖ 撮影地 福島県

📄 **撮影MEMO** ‖ 三脚を立ててのスローシャッター撮影。ストロボを準備したうえで、通り過ぎる車を待ち、最悪、怒られるのを覚悟で車のテールランプの軌跡を写し込んだ。幸い、何もなかったが、もしかしたらオービスと間違えられたのかもしれない。見知らぬ車の人、ごめんなさい。みなさんは真似しないように。

Field Guide to
the Reptile and Amphibians
of Japan

日本の
爬虫類
両生類
野外観察図鑑

交通量の多い国道でもそこが生息エリアならサンショウウオが歩いているこ
ともある。写真は分布域の広いクロサンショウウオだが、近年新種記載された
サンショウウオでも多数の轢死体が見られる道もあった。かといって、特段何
かできるわけでもないが、生き物好きなわれわれは速度を落として走行し、可
能ならば道の脇に逃してやるなどしてやりたい。

クロサンショウウオと
言えば、卵嚢が最も特
徴的。湿原の水中に
白い実がなっているか
のような幻想的な光
景は本種ならではの
もの。幼体は青白い
斑紋が多数入るが、
成体になると全体的
に黒やグレーなどの体
色に変化していく。

山中から海岸線付近まで見かけられるシマヘビ

　ヘビとの出会いは偶然性が高い。シマヘビやアオダイショウをいざ探すとなるとなかなか見つからなかったりすることもしばしば。爬虫類の中でもヘビは特に追跡しにくく、たまたま視界に入った時に観察できるイメージだ。きっと僕の探しかたがまだまだ未熟なのだろう。ヘビに会うと、嬉しさもより大きい。ポピュラーなシマヘビに出会うのは河口域から里山・近くの雑木林などが多いが、右はサンショウウオが暮らす山頂に近い林道で見つけたもの。

こちらも山中の斜面にいた個体。木漏れ日の元、日光浴をしているようだった。4本線は平野部に、ラインが弱まったムギワラヘビと呼ばれるタイプは山中に多いと言われているが、その限りではない。

撮影DATA ‖ レンズ 10.5㎜ ‖ ISO感度 100 ‖ シャッター速度 1秒 ‖ F値 f/16 ‖ 撮影地 京都府

撮影MEMO ‖ 登山道を探索中、小さな滝のそばで出会ったシマヘビ。三脚を立て、スローシャッターで滝を写し込んだ。接近したせいでやや警戒姿勢を取られたが許容範囲だろう。

春に沢から聞こえる謎の声の主タゴガエル

　沢に沿った登山道を歩いていて、ココココココという鳴き声を耳にした経験がある人から、その声の主を聞かれることがある。正体はうっすらと湿った岩の奥や苔の裏側で鳴くタゴガエルだ。喉にある鳴嚢は左右に備え、繁殖活動は人目につかない苔や岩の裏側で行われる。卵もオタマジャクシもここで成長し、小さな小さな仔ガエルになるまでひっそりと暮らしている。

色彩や斑紋の幅が広く、観察しがいのあるカエル。山中を歩いていると急に飛び出してきたりすることも多い。

大きなミミズを捕らえたタゴガエル
食べられるのだろうか

Field Guide to
the Reptile and Amphibians
of Japan

日 本 の
爬 虫 類
両 生 類
野 外 観 察 図 鑑

　雨の日にミミズが路上にたくさん出てくると、いつも速度を落としてよく観察するようにしている。それを狙う爬虫類・両生類たちが現れることが多いからだ。タゴガエルはその代表格で、こういったシーンには何度も遭遇した。大きなミミズをくわえているタゴガエルが飲み込めるのか気になり、しばらく観察を続けていると、体勢を何度も変えながら結局飲み込んでしまった。お腹の中はいったいどうなっているのだろう。

タゴガエルの主な生活場所は林床。繁殖期になると沢の石の
裏側や、ひたひたのうっすらと湿った苔の裏側に集まってくる。

撮影DATA ‖ レンズ 24-85mm（45mm付近で撮影）

‖ ISO感度 200 ‖ シャッター速度 1/125秒 ‖ F値 f/10 ‖ 撮影地 京都府

撮影MEMO ‖ 雨の晩に何度か見かけた光景。ミミズを狙うのは他にもタカチホヘビや多くのカエルなど。見かけたことはないが、サンショウウオなんかも口にするのだろう。

上品な大理石模様
チュウゴクブチサンショウウオ

個人的に最も上品な外見をしたサンショウウオだと感じるチュウゴクブチサンショウウオ。中国山地の源流部付近に暮らす種で、近年、ブチサンショウウオから分割・新種記載された。本種の観察でブヨにやられた苦い経験がある。コバエほどのブヨが大挙してまとわりついてきて、痒みがなかなか引かず、しばらく痕が残ってしまった。フィールドでの観察ではこういった危険生物にも十分な対策を備えておきたい。

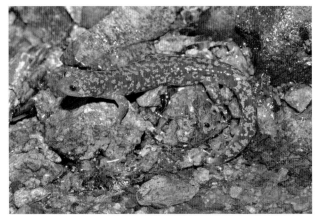

九州の"ブチサンショウウオ"は背に斑紋が入らないことが多く、上品さはこちらのほうが上に感じる。赤や黄色などの派手さはないが、個人的に大好きなサンショウウオである。

📷 撮影DATA ‖ レンズ 15mm ‖ ISO感度 400 ‖ シャッター速度 1/60秒 ‖ F値 ― ‖ 撮影地 島根県

📝 撮影MEMO ‖ 広葉樹の葉を通り林床に届く太陽の光はうっすらと緑がかっていた。あえて弱いストロボを当ててサンショウウオがアンダーにならないようにし、シャッター速度を落として空気の色を残した。

繁殖期のオスは
全身が金色に染まるトノサマガエル

Field Guide to
the Reptile and Amphibians
of Japan

日 本 の
爬 虫 類
両 生 類
野 外 観 察 図 鑑

ダルマガエルとよく似たトノサマガエル。両者ともに水田を代表するカエル
だ。よく似ているがトノサマのほうは大型で背の黒い斑紋が独立しないなどが
判別点。トノサマガエルのオスは全身が黄金色に染まって見応えがある。春、
メスに抱きつくオスを田んぼなどで観察できるが、すぐに干上がってしまうよ
うなちょっとした水たまりでも産卵する。

📷 撮影DATA ‖ レンズ 24-85mm（45mm付近で撮影）
‖ ISO感度 400 ‖ シャッター速度 1/160秒 ‖ F値 f/14 ‖ 撮影地 京都府

📄 撮影MEMO ‖ 夜間の撮影でストロボは必須。水面に浮かぶカ
エルを撮る場合、写り込んでしまいがちなストロボの反射光をな
るべく抑えたいところ。なるべく距離を空けて発光面の角度など
を調整する。

渓流付近に暮らす珍しいヒキガエル ナガレヒキガエル

32pのハコネサンショウウオを観察していた時、ナガレヒキガエルにも出会った。滝壺など渓流の上流域を産卵場とする本種は、急勾配かつ流れの速い激流に適応し、四肢が長く水掻きもやや発達する。が、さすがに耐え切れないのか、流されている個体にも出会う。鈴鹿山脈を中心に、その周辺にも分布するが、それ以外の地域の源流域ではアズマヒキガエルやニホンヒキガエルに会うこともしばしば。

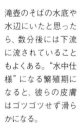

滝壺のそばの水底や水辺にいたと思ったら、数分後には下流に流されていることもよくある。"水中仕様"になる繁殖期になると、彼らの皮膚はゴツゴツせず滑らかになる。

📷 撮影DATA ‖ レンズ 10.5mm ‖ ISO感度 400 ‖ シャッター速度 1/125秒 ‖ F値 f/8 ‖ 撮影地 岐阜県

📝 撮影MEMO ‖ 同じ場所でもその年によって繁殖のピークが多少異なるので、観察のタイミングがやや難しい。

夜明けに寝ぐらへ帰る
ニシヤモリ

Field Guide to
the Reptile and Amphibians
of Japan

日 本 の
爬 虫 類
両 生 類
野 外 観 察 図 鑑

　九州西部に分布するニシヤモリを夜通し撮影していた時のこと。見慣れたニ
ホンヤモリとは趣きの異なる、迫力ある彼らの姿に感動して夢中になっている
と、気がつけば陽が昇ろうとしていた。海岸に面した岩壁などをが主な生活場
で、日中は岩の隙間に潜んでいる。空気が強烈な橙色に染まる朝やけのなか、
慌てて帰るニシヤモリを撮影した。

📷 **撮影DATA** ‖ レンズ 12-24mm（15mm付近で撮影）
‖ ISO感度 200 ‖ シャッター速度 1/60秒 ‖ F値 f/13
‖ 撮影地 長崎県

📝 **撮影MEMO** ‖ 同所的にニホンヤモリも生息してい
るが、本種の腹部は黄色いことが多く見分けは容易。

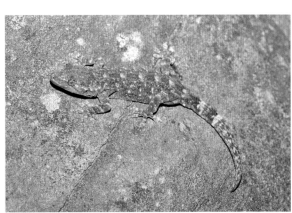

本種はがっしりとした体型でゴツゴツしており、大型鱗が混じらない。こちらの気
配を感じると、岩の隙間に帰っていった。

警戒すると
尾を丸めて持ち上げ、振る
ハイ

　こちらの存在に気がつくと、ハイの様子に変化が見られた。顔を地面に埋め、尾端を丸めて立てゆらゆらと振り出したのだ。これは、警戒時に観察されるハイの行動。敵の注意を尾に向けさせようとしているのだろう。なお、捕獲すると、尖った尾端でちくちくと刺してくる。ブラーミニメクラヘビなど地中棲傾向の高い種で同様の仕草が知られている。

📷 **撮影 DATA** ‖ レンズ 24-85mm（75mm付近で撮影）‖ ISO感度 200 ‖ シャッター速度 1/80秒 ‖ F値 f/16 ‖ 撮影地 沖縄県

📝 **撮影 MEMO** ‖ 振っている尾が多少流れるようシャッター速度を調整ながら撮影。通常は鮮やかな赤が差すが、生息域によって赤みの弱い傾向がある。なお、本種は有毒なので、観察の際は十分注意すること。

満月でシルエットに
ニホンヤモリ

さまざまな壁面に現れるニホンヤモリ。春先から秋にかけて、日が暮れると街の灯りに集まる虫を狙ってさまざまな光源付近の垂直面で観察される。住宅の玄関や道路の法面をはじめ、網戸や窓ガラスにも貼りつくことができる。ただし、砂埃で汚れた窓などは苦手。街中での観察や撮影は羞恥心との闘いだが、自宅の窓にやってきたヤモリを家の中から撮ることができた。まだ月もそう上がってなく、角度もぴったりだった。

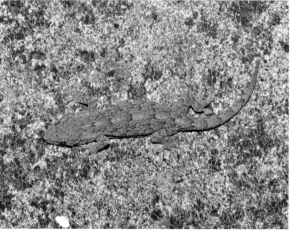

◎ 撮影 DATA ‖ レンズ 105mm ‖ ISO感度 800 ‖ シャッター速度 1/80秒 ‖ F値 f/3.2 ‖ 撮影地 京都府

📄 撮影 MEMO ‖ ストロボを使わず、三脚に取り付けてうまく月の中に収まるよう角度やカメラ位置を微調整し解放値に近い絞りで撮影。ライトで照らすと逃げてしまうおそれがあるため、月の光だけでピントを合わせなければならない。

派手な個体に遭遇
シリケンイモリ

Field Guide to
the Reptile and Amphibians
of Japan

日 本 の
爬 虫 類
両 生 類
野 外 観 察 図 鑑

アカハライモリと同じく個体間で色彩や斑紋に幅が見られるシリケンイモリ。陸棲傾向がやや高く、地表を歩いている個体がよく見かけられる。やんばるを探索していると、遠目でもわかるほど派手な個体に出会った。通常は黒い体に赤いストライプやドットが入る。金箔を貼り付けたような模様がある個体もいるが、写真は朱の地に黒い模様と斑紋が入っていたイモリだった。

📷 **撮影DATA** ‖ レンズ 24-85mm（45mm付近で撮影）
‖ ISO感度 100 ‖ シャッター速度 1/250秒 ‖ F値 f/13
‖ 撮影地 沖縄県

📝 **撮影MEMO** ‖ イレギュラーな個体に出会うのは、フィールドワークでも最も嬉しい瞬間の1つ。せっかくの美個体。影ができないよう多灯撮影し、全身に光が回るよう配慮した。

森を歩く
ニホンヒキガエル

◎ **撮影DATA** ‖ レンズ 24-85mm（65mm付近で撮影）
‖ ISO感度 800 ‖ シャッター速度 1/160秒 ‖ F値 f/16
‖ 撮影地 奈良県

📋 **撮影MEMO** ‖ ヒキガエルの皮膚は時期によって変
化するので、そこに季節感を込めることもできる。場所
によって異なるが、ぬるぬるしていたら冬から春、高山
のヒキガエルでも初夏まで。ごつごつしていたのなら、
それ以外の時期。

Field Guide to
the Reptile and Amphibians
of Japan

日本の
爬虫類
両生類
野外観察図鑑

歩くヒキガエルの四肢が少し流れるようシャッター速度をいくつか変えなが
ら撮った。もっと低速度でも良かったかもしれない。歩いているヒキガエルの
場合、だいたい1/250秒以下のシャッター速度でぴたっと動きが止まる。繁殖
期を終えて間もないのだろう、皮膚のぬるぬる感がまだ残っていた。冬から春
にかけて繁殖シーズンを迎え、それ以外は林床などに暮らしている。

低地の市街地から山中までさまざまな場所で出会うヒキガエル。ごつごつした皮
膚は乾燥に強く、他のカエルよりも水場から離れて活動するのを可能にしているの
だろう。落ち葉を背に乗せ、今、隠れ家から出てきましたよ、というような個体もユ
ニークだ。落ち葉はあえて取り除かなくていい。

失われつつある里山の生き物
トウキョウサンショウウオ

📷 **撮影DATA** ‖ レンズ 10.5mm ‖ ISO感度 400
‖ シャッター速度 1/30秒 ‖ F値 f/16 ‖ 撮影地 千葉県

📋 **撮影MEMO** ‖ 繁殖期を迎えると、水場やその周辺
で彼らに出会う機会が訪れる。雨天の晩や湿度の高い
夜は活発に移動する。

Field Guide to
the Reptile and Amphibians
of Japan

日 本 の
爬 虫 類
両 生 類
野 外 観 察 図 鑑

　関東平野の周縁部に点在するかのように分布するトウキョウサンショウウオ。首都圏から近いこともあり、環境開発やアライグマなどの捕食動物の増加などで生息個体数が各所で減少傾向にある。心ない人による卵嚢の採集・販売なども問題視され、2020年に特定第二種国内希少動植物種に選定。販売・頒布目的の捕獲や譲渡などが法律で禁止されてしまった。

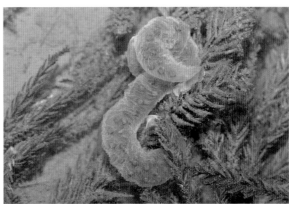

他の止水性サンショウウオと同じく、水たまりや湿地などにオスが集まりメスを待つ。卵嚢はクロワッサン型で、産み落とされてから少しの間、青く輝く。

稀に出会う未知の個体ヒダサンショウウオ？

　一見するとアカイシサンショウウオのようだが、サイズが大きく全長12cmほど。ヒダサンショウウオかハコネサンショウウオしか生息していない山で出会ったので、前者だと思われる。通常、程度の差こそあれ、ヒダの場合、金粉模様が入り、無斑型とされるものでも数個の金粉があったりするが、写真の個体は1つも入らない。ヒダだろうが、確信の得られない個体だった。

ヒダサンショウウオには地域性が見られ、多少の個体差があるものの、金の入りかたや面積に傾向が見られる。そのあたりにも注目してみるとよりフィールドワークが楽しくなる。

撮影 DATA ‖ レンズ 15㎜ ‖ ISO感度 400 ‖ シャッター速度 1/100秒 ‖ F値 ── ‖ 撮影地 京都府

撮影 MEMO ‖ イレギュラーな個体に出会う確率はたいへん低いものの、フィールドに出かけなければ可能性はゼロである。宝くじのような言いかただが、確率を上げるには探索時間を増やすしかない。

源流域周辺の森で暮らす ヒダサンショウウオ

渓流内に産卵する流水性サンショウウオでは分布域が広く、観察しやすいヒダサンショウウオ。沢の流れの中を移動していたり、周辺の湿った場所に潜んでいる姿をたまに観察する。ハコネサンショウウオほど行動的ではないが、分布域のさまざまな場所で出会うことができた。地域性も見られるので、何年観察を続けていても飽きることはない。

ヒダサンショウウオの卵嚢は水中では常に青く輝き、たいへん美しい。中の卵が孵化し、抜け殻のような状態になってもなお輝く。

📷 撮影DATA ‖ レンズ 10.5mm ‖ ISO感度 100 ‖ シャッター速度 1秒 ‖ F値 f/16 ‖ 撮影地 京都府

📄 撮影MEMO ‖ 小さな石の裏に潜んでいたヒダサンショウウオ。観察後もしばらく姿を追っていると、たいていは木の根元や岩の隙間などに隠れてしまうが、この個体は滝の前でポーズを頂いた。中にはこっちに向かってくるものもいる。

こちらを睨みつける
アカマタ

Field Guide to
the Reptile and Amphibians
of Japan

日 本 の
爬 虫 類
両 生 類
野 外 観 察 図 鑑

　日本に棲むヘビでも屈指の美しさを誇りながら、気の荒さが難点なアカマタ。撮影時にはポーズを取ってくれやすい面もあるが、咬みつこうとしてくるので、警戒しなければならない。もっとも、咬まれたところで無毒だし、少し血が滲む程度なのでほとんど問題はない。そのことを頭で理解していても、迫力負けしそうになるのがアカマタだ。ずっと見てくる大型個体に、思わずごめんなさいと言ってしまったこともあるくらいである。

左の写真は渡嘉敷島にて、こちらは伊平屋島にて撮影したアカマタ。個体差もあるが、島ごとに多少の傾向が感じられる。

📷 撮影 DATA ‖ レンズ 15mm ‖ ISO感度 400
‖ シャッター速度 1/125秒 ‖ F値 ― ‖ 撮影地 沖縄県

📝 撮影 MEMO ‖ 林床の雰囲気を得たいと勇気を持って広角マクロで接近して撮影。多くの生物と同様、カメラのレンズが目に見えるのか、じっとこちらを睨み続けていた。

アカマタは沖縄では普通種
さまざまな場所で観察できる

Field Guide to
the Reptile and Amphibians
of Japan

日 本 の
爬 虫 類
両 生 類
野 外 観 察 図 鑑

　山中の林道脇に佇んでいたアカマタ。沖縄では低地から山中までさまざまな場所で出会うことができる。早朝でやや薄暗かったためストロボを発光させたが、背景が黒くつぶれて夜に撮影したような写真にならないよう、ストロボ光と絞り・シャッター速度を調整した。露出計代わりに風景モードで一度各数値の適正を確認し、全体の光量を測定してからマニュアルモードで微調整して撮影。

写真は2枚とも久米島にて撮影したもの。どこの島でもアカマタは幼体の頃がより鮮やか。成長にしたがって色褪せてくる代わりに迫力が増す。

📷 撮影 DATA ‖ レンズ 24-85mm（45mm付近で撮影）
‖ ISO感度 400 ‖ シャッター速度 1/100秒 ‖ F値 f/8 ‖ 撮影地 沖縄県

📝 撮影 MEMO ‖ 露出計を重宝していたフィルム時代に比べて、格段と進歩したカメラ機器。マニュアルモードでなくても撮れるが、いちいちＭに戻すのは単に筆者の癖である。

止水性と流水性のはざまに生きる
ツシマサンショウウオ

Field Guide to
the Reptile and Amphibians
of Japan

日 本 の
爬 虫 類
両 生 類
野 外 観 察 図 鑑

生息密度が高く、同じ場所で複数匹を観察する機会も多いツシマサンショウウオ。条件が良い場所にはさらにたくさんの個体が集まる。毎回、必ず出会えるほど個体数が多い印象を受ける。源流部からやや標高の低い沢周辺の至る所で出会った。止水性なのか流水性なのか、両者の特徴を併せ持つため、たびたび議論される種である。

📷 撮影 DATA ‖ レンズ 105mm ‖ ISO感度 100 ‖ シャッター速度 1/250秒 ‖ F値 f/18 ‖ 撮影地 長崎県

📋 撮影 MEMO ‖ 爬虫類・両生類を撮影する際、ストロボを使い、できるだけ絞るのは、僕が「本に掲載するための写真」を撮っているからである。

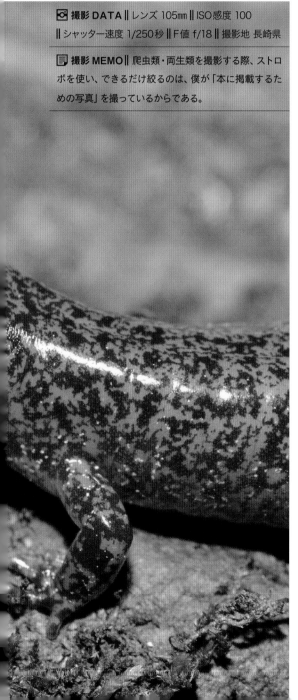

愛らしいサンショウウオで、尾に黄色いラインが走り、体色は褐色や赤褐色・灰褐色など幅がある。

個体差の激しい
オキサンショウウオ

Field Guide to
the Reptile and Amphibians
of Japan

日 本 の
爬 虫 類
両 生 類
野 外 観 察 図 鑑

　対馬の東に位置する島根県隠岐。この島には固有のオキサンショウウオが暮らしている。小さな島でこれだけ個体差がある種も珍しい。無斑に近いものからベッコウサンショウウオのような黄色い模様が広く入る個体までさまざまである。開発などによる影響を受け、生息域や個体数は減少しており、隠岐の島町では、町の天然記念物に指定されている。

ずんぐりした体型のサンショウウオでやや大型。
同島には固有のオキタゴガエルも分布する。

📷 撮影DATA ∥ レンズ 105mm ∥ ISO感度 400
∥ シャッター速度 1/125秒 ∥ F値 f/14 ∥ 撮影地 島根県

📋 撮影MEMO ∥ 林床を移動するオキサンショウウオ。繁殖期を除き、普段は山中の森の中で暮らしている。本物とか典型的とかは人間が勝手に決めたことで、斑紋の少ない個体も多い個体もどちらも本種である。僕としては贔屓せずに撮影したい。

岩場によく現れるニホントカゲ

　東京都心でも郊外でも出会える
ニホントカゲ（ヒガシニホントカ
ゲ）。オカダトカゲも含め、岩場や
石垣などがあればその周辺で日光浴
をしている姿に出会う機会が多い。
山中でも同様で、山頂付近や尾根で
もそういった条件なら彼らの生活場
所となっている。忍び足で振動を悟
られぬように、ゆっくりと近づくの
が観察のコツだが、察知されてしま
うこともしばしばある。

幼体は尾がブルーに染まり美しい。成熟したオスは頭部を中心に赤みが増して見応えがある。

📷 撮影DATA ‖ レンズ 12-24mm（15mm付近で撮影）‖ ISO感度 800 ‖ シャッター速度 1/80秒 ‖ F値 f/10 ‖ 撮影地 京都府

📝 撮影MEMO ‖ たとえば、登山道を進んでいる最中に岩場や石垣を見かけたら、ニホントカゲがいないかチェックしてみよう。うまく近づけず、逃げられたとしてもしばらくじっとして待っているとまた出てきてくれる。

落ち葉に紛れると見つけにくいヒメハブ

　多くの爬虫類・両生類たちは、生息場所と似たような色彩や模様を持っている。沖縄のフィールディングの際は、道路や登山道からむやみに草むらや茂みに足を踏み入れないように注意すべきだ。落ち葉の上に潜むヒメハブは周囲に同化して目に入りにくく、うっかり踏みつけてしまったらおおごとである。マムシのように待ち伏せ型でじっとしていることも気づきにくくさせている。水場周辺に特に多い。

ヒメハブの頭部に見惚れ、顔のアップを撮影しようとして射程距離内に侵入してしまったことがある。同行者に注意されて慌てて離れたが、ファインダー越しだと距離感がわからないものだ。撮影の際はくれぐれも注意してほしい。

撮影 DATA ‖ レンズ 24-85㎜（45㎜付近で撮影）‖ ISO感度 200
‖ シャッター速度 1/250秒 ‖ F値 f/16 ‖ 撮影地 沖縄県

撮影 MEMO ‖ 色彩はある程度の差が見られ、太短い体型は独特の
カッコ良さがある。ハブのような派手さはないが、ツチノコのような姿
にヒメハブのファンは多い。

スコール直後に現れた イボイモリ

沖縄特有のスコールに見舞われた正午前のこと。雨がやみ、林床まで木漏れ日が差し込んできた。途端、むわっと湿度が上がり、レンズが曇る。ふと足元を見ると、イボイモリがいた。じっとりと濡れた森と木漏れ日を消さぬよう、ストロボは使用せず、太陽の日差しだけを光源に。あまり動かないイモリなので、こちらのポジショニングもしやすくて良い。

林床に暮らすイボイモリは隠棲的だが、個体数はそう少なくなく、観察自体はわりと行いやすい。地域性も多少見られるので、よく観察してみよう。

⊡ 撮影DATA ‖ レンズ 24-85mm（45mm付近で撮影）‖ ISO感度 200 ‖ シャッター速度 1/60秒 ‖ F値 f/3.5 ‖ 撮影地 沖縄県

🗐 撮影MEMO ‖ 雨が上がっても森の中はしばらくの間、上から滴が落ちてくるので傘を差したままのほうが良い。

脱皮をする
アオダイショウ

Field Guide to
the Reptile and Amphibians
of Japan

日本の
爬虫類
両生類
野外観察図鑑

　ヘビ探しの際、脱皮片は手がかりの1つとなるし、種類も判断できることがある。それがあれば、本体も近くにいることはずだと判明する。こちらとしては出てくるのを待てば良い。それまで脱皮前の身体全体がくすんだ個体を観察したことは何度かあるが、脱皮途中のヘビに遭遇するシーンはほとんどなかった。多くのヘビは脱皮直後の体色がきれいだと言われている。北海道の個体はエゾブルーと呼ばれることもあり、青みの強い個体もいる。

📷 撮影 DATA ‖ レンズ 24-85mm（45mm付近で撮影）‖ ISO感度 200
‖ シャッター速度 1/125秒 ‖ F値 f/10 ‖ 撮影地 北海道

📝 撮影 MEMO ‖ 古い皮を石に引っ掛けるようにして頭からきれいに脱いでいく。きれいな頭部と古いくすんだ胴部以下の対比が伝わるだろう。

出産を控える
コモチカナヘビ

　日本国内では北海道の北端部にのみ生息するうえ、活動時期の限られたコモチカナヘビ。湿原に暮らし、初夏と秋にしか現れない。また、観察には天候も大きく左右され、雨が降ったり、強風では出現してくれないが、晴れた日では、広大な湿原に渡した木道上で日光浴をしている姿を観察できる。何度も何度も訪れたが、気温が低かったり悪天候に見舞われ、苦労させられた記憶がある。天気だけはどうにもならないので仕方がない。

一度も晴天に恵まれず、結局、雨の合間、少しだけ太陽が顔を出した時に3匹だけ見かけることができた。のべ10日ほどは費やしただろうか。

📷 **撮影 DATA** ‖ レンズ 15mm ‖ ISO感度 200 ‖ シャッター速度 1/60秒 ‖ F値 ― ‖ 撮影地 北海道

📝 **撮影 MEMO** ‖ ニホンカナヘビと同じく、観察には気象条件がポイントとなる。条件が揃えばたくさん出てきてくれるのだろう。

最も美しく、最も愛らしい"幻のヘビ" タカチホヘビ

Field Guide to
the Reptile and Amphibians
of Japan

日本の
爬虫類
両生類
野外観察図鑑

　光の当たり具合によって虹色に輝く鱗と金色の体、背に走る1本の黒い線と小さな目。そして、大きなミミズほどしかない、可憐なタカチホヘビ。ミミズ食いで、シマヘビやシロマダラなどに捕食される儚さ。個人的には最も美しくて、最も愛らしいと感じるヘビである。"幻のヘビ"と言われるが実際の生息個体数は少なくなく、シロマダラがいるような場所で見かけられる。

ベテラン飼育者でも飼育が難しい本種。高温を避け、湿った場所と乾いた場所を設けて口に入るサイズのミミズを常時確保するが、長期飼育例をほとんど耳にしない。飼育ではなく野外観察すべきヘビである。

📷 撮影DATA ‖ レンズ 105㎜ ‖ ISO感度 100
‖ シャッター速度 1/250秒 ‖ F値 f/16 ‖ 撮影地 京都府

📖 撮影MEMO ‖ 撮影しているとあくびをしてくれた。小型のヘビなので写真を拡大してみるとより魅力が増す。

ホタルと
ライトを光源に
モリアオガエル

　6月初旬、ホタルが里山の夜に飛び交う頃になると、モリアオガエルも繁殖シーズンを迎える。少々特殊な撮影だが、三脚を立ててスローシャッターを選択した。光源は一瞬のライトとホタルの光。モリアオが動けば被写体ブレを起こすし、シャッター速度を上げるとホタルの軌跡が残らない。モリアオガエルを刺激しないよう極力ライトを当てないようし、どこかへ移動するまで何度もシャッターを切った。

ついさっきまでどこかに隠れていたのか、鼻先に落ち葉を乗せたモリアオガエル。これはこれでおもしろい。

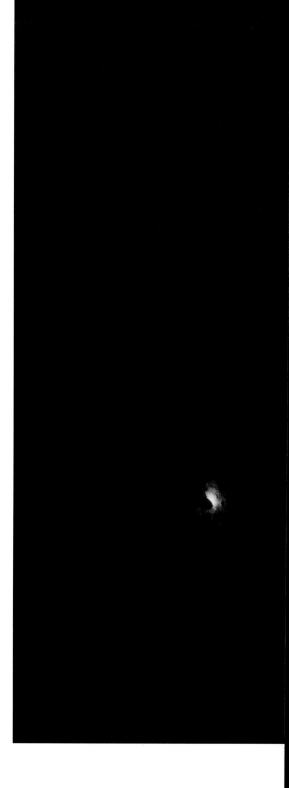

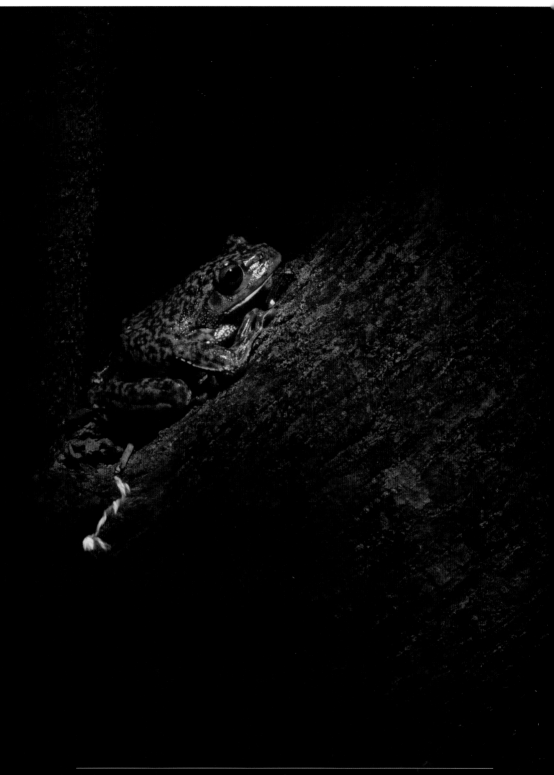

撮影 DATA ‖ レンズ 10.5mm ‖ ISO感度 100 ‖ シャッター速度 15秒 ‖ F値 f/9 ‖ 撮影地 京都府

撮影 MEMO ‖ ホタルの合成写真までいかなくても、もっとホタルの軌跡を写し込みたかったが、なかなか難しい。15秒まで粘ったが、これ以上低速度になるとカエルがぶれてしまいそうだったからだ。しかし、これでまた来シーズン以降の楽しみが増えたというものである。

黄色い目をした無斑タイプの
モリアオガエル
雨後、枝に群がる

夕方から強めの雨が降り出した6月下旬の夜。福島県あたりを北上していたところで、天候をみて急遽、山へ進路変更した。辿り着いた頃にはすっかり雨が上がってしまったが、山中の池では多数のモリアオガエルが集まって競い合うように鳴き声を張り上げ、枝上にはたくさんの個体が観察できた。この地域のモリアオガエルは模様が入らず、目も黄色だった。

雨が写り込むほどの強い雨の夜、別の場所で撮影したモリアオガエルの繁殖地。卵は泡巣の中で発生が進み、孵化した幼生はやがて下の水場へ落ちていく。

撮影 DATA ‖ レンズ 24-85mm（45mm付近で撮影）‖ ISO感度 200 ‖ シャッター速度 1/160秒 ‖ F値 f/13 ‖ 撮影地 秋田県

撮影 MEMO ‖ 繁殖行動に夢中でも乱暴に近づいたり、ライトを当ててしまうと枝上から池へダイブしてしまうので、刺激しないようそっと近づき、光も極力控えるようにした。

本土では最も観察が難しいヘビ!? ジムグリ

　個人的にシロマダラやタカチホヘビよりもずっと会いにくいのがジムグリだ。水場周辺で、山中から低地まで広く観察できているものの、遭遇率はかなり低い。地域性も見られるほか、個体差も激しくて、腹部の模様などもさまざまである。もっともっとたくさんのジムグリをいろいろな場所で撮影し、本にしてみなさんに伝えたいと考えているが、相手は生き物なのでなかなかそうもいかない。

ジムグリに出会うと嬉しくなるのは、筆者のジムグリ探しが未熟なためだろう。体色や斑紋には個体差・地域性が見られる、奥深い種である。

📷 撮影DATA ‖ レンズ 15mm ‖ ISO感度 400 ‖ シャッター速度 1/30秒 ‖ F値 — ‖ 撮影地 青森県

📝 撮影MEMO ‖ 撮影時は夕方で薄暗くなっていたため、三脚を使用。ジムグリがつぶれないよう弱くストロボ発光した。

沢の流れもなんのその
ハコネサンショウウオ

　数多くのハコネサンショウウオが暮らす沢で、流れの中にいたハコネサンショウウオに出会った。急な流れでも、しっかりと石に貼りつくように体を保持できるのは、指先にある爪のおかげである。その様子を記録しようとスローシャッターで撮ってみると、細かな水しぶきが複雑に軌跡を重ねてユニークな写真となった。

1/60秒だと水の流れはほとんど止まる。どちらがいいのかは撮影者の好みによる。

撮影DATA ‖ レンズ 10.5mm ‖ ISO感度 100 ‖ シャッター速度 2秒 ‖ F値 f/22 ‖ 撮影地 鳥取県

撮影MEMO ‖ 三脚を使用。この体勢でも、ハコネサンショウウオは2秒まで耐えてくれた。被写体ブレをしていないことに驚かされる。撮ってみてハコネの身体能力の高さをより知ることができた。

北海道の彼らは別の種類のよう
シマヘビ

広く分布するシマヘビを各地域で観察したが、動きが敏捷なうえ、咬んでくる個体が多く、撮影に手こずる場面も多かった。ところが、北海道へ訪れてみると、出会った10匹ほどのシマヘビはいずれも攻撃してくる素振りを見せず、また、本州などのシマヘビと配色やパターンの印象が異なることに驚いた。頭から尾にかけて入る横方向ラインがなく、縦方向の縞模様の個体までいる。虹彩の赤も深みがある。白と濃い褐色をしたムギワラヘビと呼ばれるタイプが多く、次いで黒色型（カラスヘビ）。通常の4本線のタイプは最も少ない。

北海道ではさまざまな場所で出会うことができた。ムギワラヘビが多く、全体的に本州のシマヘビよりも小ぶりな個体が多い印象だ。

撮影DATA ‖ レンズ 15mm ‖ ISO感度 200 ‖ シャッター速度 1/60秒 ‖ F値 ― ‖ 撮影地 北海道

撮影MEMO ‖ 里山の山裾で出会ったシマヘビ。小さな水路のそばの草むらに潜んでいた。こちらに気がついたので、顔を平たくしてやや警戒している。

住居はいろいろ
さまざまな
シマヘビのタイプ

　広い分布域に加え、出現場所も多岐に渡るシマヘビ。広い草むらに積み上げられた廃タイヤ置き場でムギワラヘビと出会った。その他、法面のパイプや石垣・橋のたもとの隙間・がれ場・枝上・堆積した枯れ枝など、さまざまな場所が彼らの棲み家として利用されている。地域や場所によって出会うタイプに傾向が見られ、カラスヘビは西日本に多く見られる。

4本線のもの（左）から、カラスヘビ（右2枚）などさまざまなうえ、各タイプにも個体差があり、ほぼ真っ黒なものから霜降り状の中間的なカラスヘビなどが知られる。

📷 撮影DATA ‖ レンズ 15mm ‖ ISO感度 200 ‖ シャッター速度 1/60秒 ‖ F値 — ‖ 撮影地 北海道

📝 撮影MEMO ‖ ヘビがいそうな場所を見つけたら、脱皮片が残されていないかをチェックしてみよう。もしあったなら、どこかに潜んでいる可能性が高い。

サワガニを噛みちぎる
ニホンイシガメ

Field Guide to
the Reptile and Amphibians
of Japan

日本の
爬虫類
両生類
野外観察図鑑

　世界中のカメを実際に目にしてきたが、個人的に最もカッコいいのがニホンイシガメである。真っ黒な腹甲とメリハリのない微妙な背甲の色と模様は本種独特で、どこか"寂び"すら感じられる。東海地方以西の渓流部や水路で主に観察できるが、各地でウンキュウと呼ばれるクサガメとの交雑個体も見つかっている。

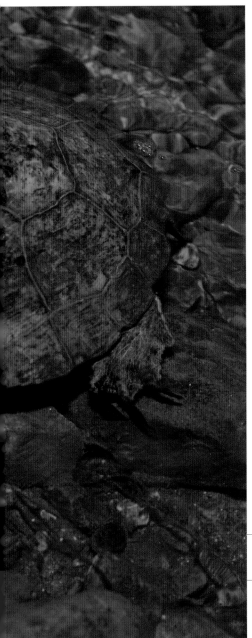

関東地方以北出身の生き物好きには見慣れないカメであり、埼玉出身の筆者なども出会うたびに嬉しくなる。苔の生えた個体もカッコいい。

撮影DATA ‖ レンズ 24-85mm（45mm付近で撮影）‖ ISO感度 64 ‖ シャッター速度 1/125秒 ‖ F値 f/5.6 ‖ 撮影地 滋賀県

撮影MEMO ‖ どう見てもイシガメ、どう見てもクサガメでも、DNAを調べると交雑していることもあるそうだ。このイシガメも違和感をやや感じる。

落ち葉の上にひょっこり現れた幼体
クロイワトカゲモドキ

斑紋や色調には個体差に加え、地理的傾向も感じられるクロイワトカゲモドキ。さまざまなタイプに着目されがちだが、成長に伴う変化もおもしろい。他の爬虫類・両生類と同じく、数が多いはずの幼体にはあまり出会わない。やんばるの森の中で出会った幼体は、黒褐色にオレンジ色の斑紋が入るパターンをしていた。

📷 **撮影DATA** ‖ レンズ 105mm ‖ ISO感度 400
‖ シャッター速度 1/125秒 ‖ F値 f/11 ‖ 撮影地 沖縄県

📝 **撮影MEMO** ‖ 地面に肘をついて、クロイワ目線で撮影した。105mmのマクロレンズはピントが合う範囲が狭いので、f/11まで絞った。

餌を飲み込んで腹部が膨らむ ヤマカガシ

　裏山を流れる小さな沢のほとりで大きなヤマカガシに遭遇した。関西に多く見られる模様のないタイプだ。近づくとややとぐろを巻いて警戒されるも、なぜか動きが鈍い。得意の死んだふりもせず、じっとしている。やがて川をゆっくりと泳ぎながら立ち去っていったが、腹部の一部が膨張している。おそらくヒキガエルを飲んで消化中だったのだろう。

重そうな身体で立ち去っていったヤマカガシ。刺激してしまったのなら申し訳ない。

📷 撮影 DATA ‖ レンズ 10.5mm ‖ ISO感度 400 ‖ シャッター速度 1/125秒 ‖ F値 f/11 ‖ 撮影地 京都府

📝 撮影 MEMO ‖ おとなしい個体だったが有毒種である。咬まれないよう接近しすぎず、自然光のみで撮影した。

さまざまな水辺で出会うヤマカガシ 山中の水たまりで遭遇

　田んぼや水路・池や沼・河原などをはじめ、山の中でも水汲み場や湿地・沢周辺など多様な場所に出現するヤマカガシ。山中でちょっとした水たまりがあったので、モリアオガエルやアカハライモリがやってきていないか確認していると、幼体が現れた。赤と黒のチェッカー模様に後頭部に入る黄色い斑紋。典型的とされるタイプだった。

本種の地域性や個体差はすさまじい。同じヤマカガシに見えないものもいる。餌はカエルなどだが、さすがにこれは無理であろう。足に食らいつくのが精一杯のサイズ差だったが、ヒキガエルはおそらく毒で死んでしまったのだろうと思われる。

撮影DATA ‖ レンズ 10.5mm ‖ ISO感度 400 ‖ シャッター速度 1/40秒 ‖ F値 f/6.3 ‖ 撮影地 山梨県

撮影MEMO ‖ 鬱蒼とした森の中のため、三脚を用いてブレを防止。幼体でも毒性を持つので、捕獲などは行わない。

口を開けたヤマカガシと
お得意の擬死行動

Field Guide to
the Reptile and Amphibians
of Japan

日本の
爬虫類
両生類
野外観察図鑑

　ヤマカガシは毒蛇だが、後牙類という奥の牙に毒を有するため、長時間深く咬まれないと毒を注入されないそうだ。よくヤマカガシに何度も咬まれたことがあるが何ともないという人がいるのは、きっと深く咬まれていないのだろう。筆者も咬まれたことがあるが、特に異常はなかった。とはいえ、時折、本種の咬症被害も報告されている。十分に注意してほしい。

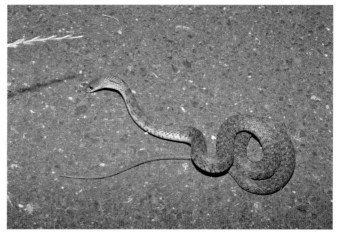

ヤマカガシの死んだふり。カラスか何かに襲われた直後なのか、道路上で何もしていないのに最初から擬死行動をしている個体に何度か出会ったことがある。エスカレートするとひっくり返ってしまうものもいる。

📷 撮影 DATA ‖ レンズ 50mm ‖ ISO感度 100
‖ シャッター速度 1/250秒 ‖ F値 f/20 ‖ 撮影地 高知県

📝 撮影 MEMO ‖ 威勢の良いヤマカガシで、何度も口を開けて咬みつこうとしてきた。おかげで口を開いたシーンが撮影できた。

突然、親子ガエルに！
タゴガエル

Field Guide to
the Reptile and Amphibians
of Japan

日本の
爬虫類
両生類
野外観察図鑑

　個体差や地域差の激しいタゴガエル。各地域で各タイプを撮影していたら、とある林道にいたタゴガエルに小さな仔ガエルが跳び乗ってきた。その瞬間である。山地では全国的によく出会うことのできるタゴガエルだが、突如、こういったシーンが訪れるものだから、フィールディングや撮影は飽きない。

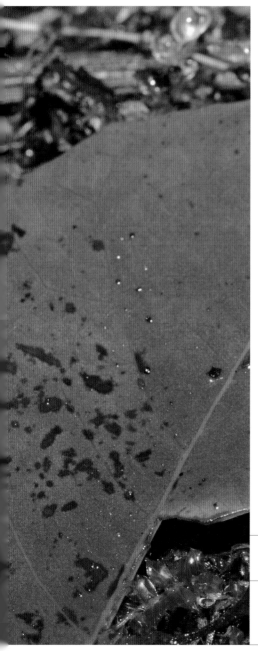

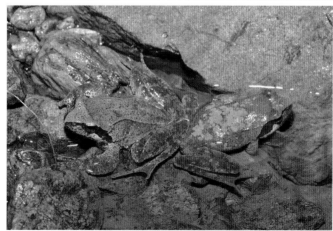

同じ場所でも色調や模様はさまざまなタゴガエル。2匹のタゴガエルが目の前で変なポジショニング。左の上半身がゴツく前肢が太いのがオスで、右のふっくらとした体型のほうはメスだろう。

撮影 DATA ‖ レンズ 105mm ‖ ISO感度 100
‖ シャッター速度 1/200秒 ‖ F値 f/20 ‖ 撮影地 千葉県

撮影 MEMO ‖ タゴガエルの幼体はたいへん小さい。上は "親" から離れた後、指に乗せた時の写真。そのサイズ感が伝わるだろうか。上陸間もない、尾がなくなったばかりの仔ガエルだった。

変色能力の高さと声のボリュームは随一
ニホンアマガエル

Field Guide to
the Reptile and Amphibians
of Japan

日本の
爬虫類
両生類
野外観察図鑑

　小さな身体のわりに鳴嚢が大きく、夜の田んぼなどで大合唱するアマガエル。耳を覆いたくなるほどのボリュームである。変色能力にも優れ、一様な黄緑色から斑模様やグレー地など周辺の色に合わせて変化させることもできる。愛らしい外見と身近なカエルのためか、飼育している人も多いようだが、鳴き声のボリュームは気にならないという。北海道や対馬のアマガエルは大きいのも興味深い。

📷 **撮影DATA** ‖ レンズ 105mm ‖ ISO感度 100 ‖ シャッター速度 1/250秒 ‖ F値 f/18 ‖ 撮影地 富山県

📄 **撮影MEMO** ‖ ライトを向けたり、こちらの気配を察せられると鳴くのをやめたり、水底に潜ってしまう。一度、ライトを消してじっと気配を消してみよう。すぐに大合唱が再開するはずだ。

一度、撮影のために数匹連れて帰ってきたことがある。車のエンジン音に勝る鳴き声にまいってしまった。

雨上がりの原生林を歩くクロサンショウウオ

　ブナ林で有名な白神山地。クロサンショウウオをはじめ、たくさんの動物たちが暮らしている。強めの雨が降った翌朝、池の周辺の散策路を歩くと、山肌に何匹かのクロサンショウウオが歩いていた。夜行性で鱗のない両生類は湿度の高い夜や雨の晩に活動するが、午前中なら出会うことがある。薄暗い森の中を写し込みたかったので、ストロボ光は弱めにした。

📷 **撮影DATA** ‖ レンズ 10.5mm ‖ ISO感度 400 ‖ シャッター速度 1/60秒 ‖ F値 f/9 ‖ 撮影地 青森県

📝 **撮影MEMO** ‖ そっと近づけば逃げられることは少なく、撮影しやすい。歩いている最中でも時々じっと立ち止まるので、そこがシャッターチャンスだ。

旧カスミサンショウウオ高地型 ヒバサンショウウオ

　源流付近に棲み、そこで繁殖行動を行う止水性サンショウウオ。かつてカスミサンショウウオの高地型と呼ばれていたヒバサンショウウオは、渓流内よりも周辺の水たまりで卵嚢が多く観察できるが、時折、流水中でも産卵する。同所的にチュウゴクブチサンショウウオも生息していることもあるが、ヒバサンショウウオの卵嚢は水中でも青く光らないので区別できる。

📷 撮影DATA ‖ レンズ 10.5mm ‖ ISO感度 500 ‖ シャッター速度 1/60秒 ‖ F値 f/8 ‖ 撮影地 鳥取県

📝 撮影MEMO ‖ 地域によって色彩などに差異が見られるので、訪れた山のヒバサンショウウオがどんな模様や色をしているのかチェックしてみよう。

派手さのない
異色のハコネ
タダミハコネサンショウウオ

『日本の爬虫類・両生類生態図鑑』の表紙のモデル個体。表紙を見てすぐに本種の若い個体だとわかった生き物好きは相当な愛好家だろう。成体になるとほぼ黒褐色一色になるが、幼体から若い個体は青みがかった細かな斑紋が入る。赤や黄・朱色などが差す派手なタイプがほとんどのハコネサンショウウオグループでは異色の外見。

成体のオス。局所分布するサンショウウオである。

撮影 DATA ‖ レンズ 12-24mm（20mm付近で撮影）‖ ISO感度 400
‖ シャッター速度 1/125秒 ‖ F値 f/8 ‖ 撮影地 新潟県

撮影 MEMO ‖ 深い谷底にかろうじて流れる小さな沢で出会った。
ストロボ発光を弱く、自然光とのバランスに配慮した。

さまざまな色みが存在する
ヤマカガシ

さまざまな色彩型が知られる本種はしばしば同定が間違えられる。アオダイショウとされて紹介されていたり、カラスヘビ（シマヘビの黒色型）と誤同定されることもある。毒蛇なので、間違えて咬まれたらたいへんだ。その地域のタイプがどのようなものなのか知っておくと良いが、ここまで幅があると色彩だけでは難しい。決定的なのは肌質。本種はどれもざらついている。同じくざらつくマムシは体型が全く異なる。

ほぼ真っ黒な個体や斑紋の入らないものなどさまざま。肌質に着目しながら見慣れてくれると本種だとわかるようになるだろう。

📷 撮影DATA ‖ レンズ 10.5mm ‖ ISO感度 125 ‖ シャッター速度 1/80秒 ‖ F値 f/7.1 ‖ 撮影地 兵庫県

📝 撮影MEMO ‖ 里山の風景を入れるため、ヤマカガシとの距離に気を遣いながら広角マクロレンズで近づいた。曇り空のやわらかい光だけで撮影。

池のほとりに佇む
ニホンアカガエル

　近年、各地で観察機会の減っているニホンアカガエル。まだ普通種として存在する場合もあれば、場所によってはほとんど見られない地域もある。筆者の故郷埼玉では子供の頃に一番出会うカエルでよく捕まえたものだが、現在、アカガエルのいた水場は宅地になってしまい、その姿は見られなくなってしまった。低地に棲む本種は、環境開発による影響をもろに受けやすいのだろう。

📷 **撮影 DATA** ‖ レンズ 10.5mm ‖ ISO感度 800 ‖ シャッター速度 1/80秒 ‖ F値 f/8 ‖ 撮影地 宮城県

📝 **撮影 MEMO** ‖ ヤマアカガエルとの区別点は鼻先から目の上・鼓膜の上を経由して腰まで走るラインの形状。直線状に走るのが本種で、鼓膜の後ろで V 字型に曲がるのがヤマアカ。

"ミニチュア版
オオサンショウウオ"
ツルギサンショウウオ

　茶褐色と明るいレンガ色は、オオサンショウウオをそのまま小型にしたかのような配色をしている。四国の剣山周辺にのみ分布するツルギサンショウウオはかつてコガタブチサンショウウオとされていた種らしく、短めの四肢と円筒型の尾、小さな顔で、これはコガタブチグループに共通する体型。生活史も似ており、源流域に広がる林内の湿った岩場などが彼らの棲み家である。

📷 **撮影DATA** ‖ レンズ 10.5mm ‖ ISO感度 800
‖ シャッター速度 1/25秒 ‖ F値 f/11 ‖ 撮影地 徳島県

📝 **撮影MEMO** ‖ 斑紋の入り具合には個体間で幅があり、ほとんど茶褐色という個体もいる。広葉樹林が広がる山頂付近の林床に暮らす彼らの生活を切り取ろうと、三脚でシャッター速度を落とし、森に注ぐやわらかく涼しげな光のみを光源とした。

観察は容易
オオサンショウウオ

　天然記念物に指定され、各地で守られているせいか、生息地での個体数は比較的安定している。夜、大きな岩の下などの棲み家から出てくるが、日中でも活動している個体に出会うことがある。水面が波で揺らいでいたとしても、大型のため発見は容易。川底に大きな流木が転がっているように見えたのなら、それは本種である可能性が高い。

石の隙間から顔を出すオオサンショウウオ。河川によってはチュウゴクオオサンショウウオとの交雑が見られ、在来のオオサンショウウオを守るために駆除も行われており、姿を見かけなくなりつつある水系もある。両者と交雑個体の判別は難しく、筆者は何匹見ても確信が持てない。

📷 **撮影DATA** ‖ レンズ 24-85mm（50mm付近で撮影）‖ ISO感度 400 ‖ シャッター速度 1/250秒 ‖ F値 f/22 ‖ 撮影地 京都府

📝 **撮影MEMO** ‖ じっとしているようで観察していると、けっこう動き回る。沢での撮影は水面が反射して難しいことがある。ハウジングなどで水中写真に切り替えるなどするが、水面がおだやかな場所に運良く来てくれたのなら、陸上からでも撮影できる。

川底を移動する
ニホンイシガメ

イシガメは泳いでいる場面より、川の底を移動している場面に出会うことが多い。アクリル板を取り付けた簡易水中ハウジングにカメラを入れ、水中のイシガメを撮影。首を伸ばせば水上に鼻先が出るような浅瀬か、それよりやや深い程度の水深にいることが大半で、長靴で入れる。陸場でも活動するが、水中のほうが顔も四肢もより出ている傾向が高い。

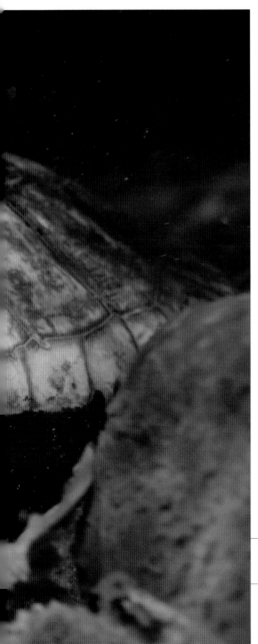

陸上から狙うのなら、呼吸をしに首を伸ばしたところを撮りたい。ストロボ光などの反射が水面部分に写り込みやすいので、光源を離してみたり、照射角度を変えてみよう。

📷 撮影DATA ‖ レンズ 24-85mm（30mm付近で撮影）‖ ISO感度 400 ‖ シャッター速度 1/60秒 ‖ F値 f/5 ‖ 撮影地 京都府

📝 撮影MEMO ‖ こういった場合、明るい日中なら撮れなくもないが、できれば水上からストロボを発光させて光量を補いたい。水中は空気中よりもだいぶ光が届きにくい。

観察も撮影もわりと苦労する
ニホンスッポン

　全国各地に広く分布するスッポンだが、実際に観察や撮影を行おうとするとなかなか難しい。透明度の低い水路や小川にいたり、砂や泥の中に潜んでいることが多いからだ。陸場で日光浴をしていることも多いが、それも狙い目。また、水中での動きは速く、捕獲して陸場で撮影するとぺたんとしてしまってうまく格好がつかないケースもある。

撮影 DATA ‖ レンズ 12-24mm（20mm付近で撮影）‖ ISO感度 320 ‖ シャッター速度 1/125秒 ‖ F値 f/16 ‖ 撮影地 京都府

撮影 MEMO ‖ 透明度の高い小川で撮影。いったん捕獲し、砂に潜りながら突出した鼻先を水面に出して呼吸した瞬間を撮ったもの。川底が泥だったら瞬間に濁ってしまって撮影も観察も断念するしかなかっただろう。

アメリカザリガニを捕食する
クサガメ

Field Guide to
the Reptile and Amphibians
of Japan

日 本 の
爬虫類
両生類
野外観察図鑑

　両前肢と顎を上手に使い、食べやすいようひきちぎりながらアメリカザリガニを捕食するクサガメ。大きな川のそばにできた水たまりにしばらく通ってみると、1週間ほどの間、毎夜、同じクサガメが現れた。右後肢が欠損した個体なので、見間違いではない。一度ではなく何度も通うことでさまざまなシーンを見せてくれるのもフィールディングの楽しさの1つと言える。

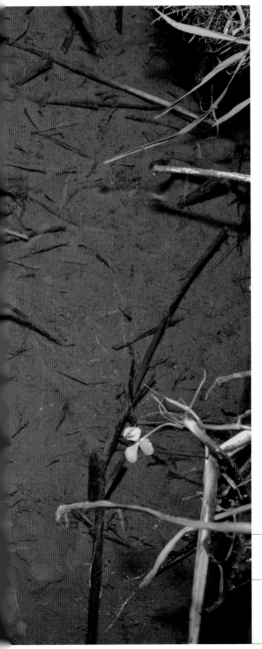

観察の容易なクサガメとはいえ、よく見るといろいろだ。いかにも"金銭亀"らしい甲板の繋ぎ目が金色のものや、黒化したオスなど観察していて楽しい。

📷 撮影DATA ‖ レンズ 24-85mm（50mm付近で撮影）‖ ISO感度 100
‖ シャッター速度 1/250秒 ‖ F値 f/18 ‖ 撮影地 京都府

📝 撮影MEMO ‖ 茂みの中の水たまりや田んぼなどでカメやカエル・イモリなどを夜間撮影する際は、草や枝の影が被写体にかぶらないようストロボの当てかたに注意すると良い。

草木の上を巧みに移動する
ニホンカナヘビ

Field Guide to
the Reptile and Amphibians
of Japan

日 本 の
爬 虫 類
両 生 類
野外観察図鑑

　枯れ葉や枯れ枝のような姿をしたニホンカナヘビ。外見どおり、公園の隅に
まとめられた枯れ枝の山やイネ科の細長い植物の茂みなどでよく観察できる。
するすると、軽業師のように移動する様子は見ていて楽しい。日当たりの良い
場所で日光浴をしていることもあり、近づくとさっと逃げてしまうが、慣れる
と接近はそう難しいものではない。

📷 **撮影 DATA** ‖ レンズ 10.5㎜ ‖ ISO感度 100
‖ シャッター速度 1/60秒 ‖ F値 f/11 ‖ 撮影地 東京都

📝 **撮影 MEMO** ‖ 天気の良い日だったので、太陽光に
負けないよう日中でもストロボを発光。薄暗い茂みの中
にいたカナヘビがアンダーにならないよう調整した。

昼行性で市街地から里山のほか、山中でも朝から夕方にかけて出会える。ニホント
カゲの幼体の尾はブルーに輝くが、本種の幼体は黒い。

林床の湿った場所で
乾燥に耐える
イシヅチサンショウウオ

木の根元や倒木の下にある堆積した落ち葉や苔の下は、しばらく雨が降らなくても湿っている。どかしたものは必ず元に戻しておく。条件が良いということなので、再訪した際に同じように観察できるかもしれない。

📷 撮影DATA ‖ レンズ 10.5mm ‖ ISO感度 400
‖ シャッター速度 1/60秒 ‖ F値 f/8 ‖ 撮影地 高知県

📄 撮影MEMO ‖ 木陰とはいえ逆光気味だったのでストロボを使用。発光量を制限することで薄暗い雰囲気を残しつつ、湿り気のある土と周辺の緑を写し込んだ。

　　この山での繁殖期は4月頃だが、秋に訪れた。普段は森の中で暮らしているサンショウウオ。秋雨の時期も過ぎ、山全体が乾燥していたので、彼らの様子が気になった。沢の中にはもちろん姿はない。鱗のない両生類なので、生きていくうえで水分は必要だ。枯れた大木の根元にあった苔のかたまりをそっとどかしてみると、乾燥に耐えるイシヅチサンショウウオと出会うことができた。

シーボルトミミズを食べる
アズマヒキガエル

📷 **撮影 DATA** ‖ レンズ 10.5㎜ ‖ ISO感度 400
‖ シャッター速度 1/125秒 ‖ F値 f/10
‖ 撮影地 岐阜県

📝 **撮影 MEMO** ‖ ナガレヒキガエルの分布域以外になると、アズマヒキガエルやニホンヒキガエルが高山の沢周辺でも観察できる（同所的にいる場所もある）。サンショウウオのように湿った場所に潜んでいるが、より乾燥に強いようで沢から離れた場所を闊歩していることもままある。赤みの強い個体や立派な体格のものもいて、個体ごとに注目してみるとなかなか撮影しがいがあるものだ。

Field Guide to
the Reptile and Amphibians
of Japan

日 本 の
爬 虫 類
両 生 類
野 外 観 察 図 鑑

　秋雨の晩、林道上でシーボルトミミズを捕食中のヒキガエルに出会った。山ミミズなどと呼ばれる、巨大で虹色に輝くミミズだ。僕が何度もヘビと見間違えるやつである。フィールディングの際、目的の爬虫類・両生類だけではなく、生態系全体を意識してみよう。夜、雨が降ってミミズが出てきたら、それを狙うカエルやサンショウウオが出現し、さらに彼らを狙うヘビが登場したりする。

AUTUMN
季節ごとの観察 　秋　 9〜11月
Sept. ▶▶▶ Nov.

北奥羽の森の住人
キタオウシュウサンショウウオ

📷 **撮影DATA** ‖ レンズ 10.5mm ‖ ISO感度 400
‖ シャッター速度 1/15秒 ‖ F値 f/8 ‖ 撮影地 青森県

📝 **撮影MEMO** ‖ 日中でも薄暗い森の中での撮影で
は、光量不足を補うために、感度を上げるかシャッター
スピードを遅くさせる。絞りもそこそこにしたいので、
1/15秒まで落として撮影した。

Field Guide to
the Reptile and Amphibians
of Japan

日本の
爬虫類
両生類
野外観察図鑑

　東北地方北部のハコネサンショウウオは、近年、キタオウシュウサンショウウオとして新種記載された。わりと標高の低い山地から高地までの水辺周辺の森で暮らすサンショウウオだ。幼生を観察すると小さいのと中くらいのものがいて、大きな個体が見つからない。また、上陸した幼体もサイズが小さいものもいた。この沢では2年で上陸に至るのだろうか。

おそらく2年ほど沢の中で成長して上陸する。幼体は沢周辺の岸辺などでよく観察される。

日 本 の
爬 虫 類
両 生 類
野 外 観 察 図 鑑

Field Guide to
the Reptile and Amphibians
of Japan

爬 虫 類 ・ 両 生 類 の

撮 影

爬虫類・両生類の撮影は楽しい。その場で確認できるデジタルカメラが主流な今、そう難しいものではなくなった。スマートフォンでもびっくりするほどきれいに撮れる時代になったし、カメラにこだわらずどんどん撮ってみてほしい。あれだけカメラ嫌いだった僕でも、デジタル一眼レフやスマートフォン・コンパクトデジタルカメラでこれだけ楽しく撮っているのだから。

記録の大切さと保存について

　現像のたびに不安と安堵を繰り返していたフィルム時代。現在は、ずいぶん便利になったものである。その場で写真を確認でき、必要とあれば再撮影できる。感度さえ自在に設定可能だ。すばらしい。緊張感を持って撮影に臨めた当時のほうが良かったという声も聞くが、結局のところ成功率については各々によるのだろう。誰かに見てもらうのに、現像しなくても画面を見せるだけで済む気軽さ。とにもかくにも撮影機材が格段に進歩した今、カメラを使わない手はない。デジタル一眼レフも使いやすくなったが、高級カメラでなくても十分撮れる。スマートフォンで撮影しても良い。コンパクトカメラでも良い。もちろん、デジタル一眼レフでも良い。ともかく、各々、自分に合ったカメラを用いて「実際に撮影を始める」ことが大事。「シャッターを押す」ことが大切なのだ。

　フィールド観察するにあたって状況を記録しておくと後々になって役立つ場面も多いので、写真と共にメモを残しておくとなお良い。自分の場合、その日のうちにパソコンにメモを記している。日付・場所・気温・天候・種類が年度ごとに箇条書きで記録。日付と場所はなるべく具体的に。たとえば、昨年の訪れたモリアオガエルの繁殖地に今年も行き

東北地方北部で出会ったヤマカガシを縦位置で撮影。滝のそばで出会ったモノトーン調の個体だった。できれば使いたくない失敗写真。僕的には許容範囲ぎりぎりといったところだ。一見するとバックの滝と相まって生息環境もわかるが、ヤマカガシ自体が丸まりすぎているところがマイナス。逃げようとしたので、近づいたところ、必要以上に警戒されてしまった。構図や背景ばかり気に取られ、主役であるヘビをいささかないがしろにしてしまった例である。

たいと思い立ったとする。撮影メモを見て去年と同時期に行けばタイミングが合いやすい。その年によって多少のずれがあることもあるが、何年も記録を重ねていくと、ずれも予想しやすくなってくるものだ。目印がない場所は、カーナビ画面を撮影しておくこともある。以前、それを忘れてしまったことがあって、再度訪れて探してみたものの、未だ辿り着けない場所がいくつかあり、今でも後悔している。なんとなく現場付近に行けば記憶だけで見つけられると思ったが、だめだった。記録しておくことはいかに大切か、何度も痛感している。状況によって気温と天候もメモに加える。出現する爬虫類・両生類が変わってくるためだ。たとえば「強い雨で気温20℃の20時頃」とか。細かければ細かいほど良いが、あなたが継続的にメモができる程度にしておこう。僕に至っては面倒になってすぐやらなくなってしまうので、簡素に最低限に留めている。種類も同様。「ハコネ5・ヒダ3・シロマダラ1・タカチホ3。ミミズ多し。途中、カジカがちらほら。20℃、弱雨」などという具合だ。

　そして、写真整理。溜め込んでしまうと収拾がつかなくなってしまうので、自分の場合、その日のうちにパソコンにコピーしたうえで「別名で保存」し、日付と種類・撮影地をデータ名に変更して元画像と整理画像に分けてデータ整理している。写真データ名はたとえば「shimahebi,20190603,saitama01」（シマヘビを2019年6月3日、埼玉で撮影。1枚めという意）など。自分でわかる状態なら学名でも良いし、順番もお好きなように。元来ルーズで何でも後回しにする癖のあった僕は、フィルム時代に膨大な量のポジフィルムを溜め込んだことがあって、整理するのに1年半もかかったことがあった。当時は出版社を退社したばかりでほとんど仕事もなく、日々、写真整理に明け暮れていたのだが、以来、性格上、その日のうちに、遅くとも翌日には写真を整理するようになった。原画はDVDに焼いて保存し、整理した写真

iPhoneでの作例。雨に濡れた地面のおかげで光もよく回っている。

iPhoneでカメを撮影。被写体が大きく、ライトの光が回り切れていない。

データを2つのハードディスクに保存。ハードディスクが突然壊れたり読めなくなってしまい、非常に悔しい思いをした経験が2度あるため、保険に保険を重ねて、さらに元本も保存しているわけだ。念には念を押してハードディスクは1年か2年おきに、壊れていなくても買い換えている。こうするようになってから十数年、データを紛失したことはなくなった。筆者の場合は仕事でもあり、写真の枚数も膨大だからこんな具合だが、フィルム時代と異なり破損することがあるデータなので、ハードディスクの定期的な買い換えは推奨する。

　さて、たまに質問されるのだが、撮影時にカメラ側の写真データの保存形式を選択できる場合、RAWかJPEGのどちらが良いのだろう。簡単に言えば、生のデータ（RAW）か汎用データ（JPEG）といったところだろうか。多くの写真家はRAWを選択しているみたいだが、膨大なデータ量になってしまった僕はほとんどをJPEGで保存している。RAWはデータ容量が重たく、僕としてはやや扱いにくい。これはという写真のみRAWで撮影しているが、JPEGデータでも遜色ない時代になったし（機種にもよるだろうが）、十分ではないだろうか。なお、多少上手に撮れなかったとしても、パソコン上にてphotoshopなどのアプリケーションを用いれば、明るさや彩度・その他さまざまな調整を行えるが、データ画像はいじればいじるほど劣化するとされているので、撮影時に極力完成品となるよう意識している。

　以前、場所を記しておいたのだが、「○

こちらもiPhoneでの写真。手持ちライトの光が強いため、ダイレクトに当てると白飛びしてしまうので、手前か後ろなどずらして照らす。

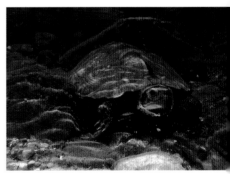

コンパクトデジタルカメラでの水中撮影。ライトは水上から照射した。

◯県」としかメモしてなく、アバウトすぎてなかなか見つけられなかったサンショウウオがいた。前に来たのは5年前。これだけ山奥だから環境の変化もそうそうないであろう場所だが、偶然立ち寄って出会うことができた沢だったので、記憶を頼りに探してみた。時期は合っている。が、どうしても辿り着けない。そこで、携帯しているハードディスクから当時の写真を引っ張り出し、引いて撮った画像を拡大してみると、サンショウウオの後ろに特徴的な二股の巨木が写っていた。画像を拡大し、パソコンの画面をiPhoneで撮影して目の前の風景と照らし合わせていくと辿り着けたことがある。目的のサンショウウオも5年ぶりに撮影でき、当時の個体と見比べるなどすることができたのだった。

本づくりを生業としている筆者はどうしても一眼レフで撮影しなければならないが、みなさんは何も重いカメラや撮影機材を持って行かなくてもかまわない。経験者なら同意してくれるだろうが、登山する場合は自分の体力も考え、携帯品の総重量を可能なかぎり軽くしたいところ。身軽であればあるほど体力の消耗が抑えられ、遠くまで進めるものである。僕がもし本のための撮影でないのなら、軽量で済むiPhoneかコンパクトカメラを持っていくに留めるだろう。一眼レフ一式にしたら、進める距離が下手したら半分になってしまいそうだ。いくら撮影機材を揃えたところで、目的の生き物がいる場所まで辿り着けなかったら元も子もない。というわけで、フィールディングプランを鑑みながら、無理なく、バランス良く考えて撮影機材を選択したほうが賢明なのだ。かつて、受験生の僕が参考書を買っただけで偏差値が上がったと勘違いしたように、良いカメラを買ったら良い写真が撮れるものでもない。昔のカメラは現在の最新機種よりも性能や使い勝手がだいぶ見劣りするかもしれないが、古いカットでもすばらしい写真はたくさん存在する。話が逸れたが、機材云々よりもまず持っているカメラのシャッター

を押し、それを重ね続け、そして、撮影機材や撮影がフィールドワークの足を引っ張らない程度にすべきではないだろうか、と言いたいのである。

生き物を最優先に

とても大事なことで、爬虫類・両生類の観察でも撮影でも守ってほしいことがある。

対象の生き物にできるだけダメージを与えない

ということ。以下でも、具体的に何度も繰り返していくが、生き物たちを必要以上にいじくり回したりしない。環境を破壊するような探索をしない。もっと言えば、対象の生き物を取り巻く環境全体にダメージを与えないこと。フィールドに出て、会いたかった爬虫類・両生類を見て感動し、写真を撮って記録に残し、終始、楽しい気分でフィールドワークを過ごしてほしい。そして、爬虫類・両生類好きなら、野生の彼らを大事にすることを最優先事項にしてもらいたいと願う。

カメラの種類

2020年現在、撮影するにもさまざまなカメラを使えるようになった。スマートフォン・コンパクトデジタルカメラ・デジタル一眼レフカメラ etc.

スマートフォンの画質は急激に向上し、軽量かつ気軽に行える便利な撮影機器。感度などを自動的に調整してくれるのもありがたい。おかげでほとんどの設定が不要で、だいたいの場面で写真が撮れる。より大きなパソコン画面で画像を開いても十分楽しめるほどだ。夜間撮影には苦手な面があるが、LEDライトなどの光で補助することでカバーできる。暗い場面では特にピントが合いにくいので、ライトで照らしながら撮影すると良い。また、あまりに接近しすぎてもピントが合わないので、自分のスマートフォン

の最短撮影距離を知っておこう。昼間でもなかなかピントが合わないという場合は、もしかしたら画面にタッチしてピントを合わせているのを怠っていないだろうか。ともかくすぐにシャッターボタンを押す人がたまにいるので、念のため記しておく。ちなみに、特別な意図がないかぎり基本は生き物の目にピントを合わせると自然な写りとなる。何か意図がないかぎり、これはどの生き物でも共通。スマートフォンで撮る際は、画面上の生き物の目にちょんと触れて、ピント合わせしたうえでシャッターボタンを押そう。ちょっと違う雰囲気の写真を撮りたいのなら、横位置にしてシャッターを押してみたり、地面に置いて生き物目線で撮ってみよう。参考までに、僕の使いかたとしては、デジタル一眼レフで撮影後、iPhoneでも撮影する。知人の研究者などにふと見てもらう時もあったりするし、パソコンを携帯していなくても日付などが自動的に記録されているので、撮影メモ的な意味合いも強い。他の人に見てもらうのに、気軽で便利なツールだというのは周知のとおり。機種や設定によっては位置情報なども同時に記録できるので重宝している。が、SNSなどに安易にそのままアップすると生息地点を世間に公表することになるため、そのへんは十分配慮すべし。誰が見ているかわからないし、世の中にはいろいろな人間がいる。自然環境が失われつつある現在、フィールドで生き抜く彼らを大事に考えてほしい、ということだ。

コンパクトデジタルカメラの画質も格段に良くなっている。さまざまな機種が揃い、防水機能を備えたものまで市販されている。重量も軽いので、携帯しても負担になることはあまりないだろう。スマートフォンの画質が格段に向上したとはいえ、機種にもよるだろうがコンパクトデジタルカメラのほうが画質においてだいぶ良いはずだ。日本に分布する爬虫類・両生類だと、ニホンアマガエルやそれぞれの幼体・幼生が小さい被写体となる。被写体が小さな生き物でなく

レンズによる写りの違いを示す。①120mmで撮影。②15mmで撮影。③10.5mmでの写真。縦位置にて撮影。

ても、たとえばヤモリを撮影して同定に困った場合、写真を拡大をして大型鱗が混ざっていないかどうか確認することがあるかもしれない。大型鱗が見られたらニホンヤモリ、なければタワヤモリなどと同定に役立つシーンもある。こういった使いかたは、スマートフォンには苦手だろう。機種選択の基準としてあえて挙げておくならば、マクロ機能を備え、接近して撮影できる機種が向く。機種によっては背景までクリアに写すことのできる広角マクロ機能を備えたカメラもある。内蔵ストロボの角度は固定されているが、小さくカットしたトレーシングペーパーや透明なクリアファイルなどで半円を作り、ストロボの発光面に取り付けると光がやわらかくなる。そのまま水中に入れて撮影できる優れた防水機能のある機種は、浅い水たまりなどハウジングを使いにくいシーンで活躍するだろう。大きなボディやレンズの一眼レフではなかなか難しい場面だ。ただ、僕の場合、以前は記録用に使っていたが、iPhoneに機種変更してからはすっかり自室の整理棚が定位置となってしまった。

　そして、デジタル一眼レフ。こちらも各々のスペックによるだろうが、最新機種の画質はやはりすばらしい。「ニコンとキャノン、どちらがおすすめですか」などと尋ねられることがよくあるが、それは知らない。あなたの好みで選んでください。微妙なスペックにまでこだわる人はそれを基準に選択すれば良い。何を撮影するかでも変わってくるだろうし、通常、爬虫類・両生類の撮影で高速シャッターを切ることはあまりない。実際に手に取った時のしっくり具合とかで良いのではないでしょうか。僕としてはこんな良い加減が答えしかできない。いずれにせよ、高品質な写真が撮れるのだから。基本的な使用方法や用語については取扱説明書に記してあるなので、本書では爬虫類・両生類を撮影することに主眼を置いて話を進めていく。

　共通して言える注意点として、カメラ本体の予備電池を忘れないように。予備は必ず携帯しておこう。以前、うっかり忘れて撮影途中で泣く泣く中断させられた苦い経験のある僕は、常に2つか3つの予備を持つようにしている。ファインダーでなく、背面の液晶モニターでピントを合わせる場合は特に消耗する。CFやSDカードなどの記録メディアも予備を多めに持っておきたい。稀に壊れることがあり、慌てて近くのコンビニで購入したこともあるが、もしコンビニのない山中や島嶼部だったらアウトだった。

デジタル一眼レフでの撮影

　基本事項について簡単に紹介しておこう。

　まず、レンズについて。日本の爬虫類・両生類の撮影では、標準レンズ（50mm程度）1つと接写できるマクロレンズ（僕が使っているのは105mmなど）があれば、だいたい済む。ズームレンズ（筆者が使っているのは24-85mmなど）もあると便利。ぼけを意識した撮影やアマガエルなど小さな被写体は苦手だが、汎用性が高いレンズだ。広角ズームは寄って被写体をそこそこ大きく撮ることができ、広範囲にピントが合って背景なども写し込みやすいが、レンズ重量が重たいのとレンズ自体の大きさが難点。接写できる広角レンズはレンズのサイズも小さく、使いやすい製品がある。いずれも広角レンズは画角が広いという特性上、自分の影が写り込みやすいし、ストロボを使う際はレンズの影が入ってしまいがちなので、ライティングに工夫しなければならない。レンズの特性上、画面の歪みも出る。やや上級者向けと言えるだろう。一方、105mmのマクロレンズなどはピントが合う範囲（被写界深度）が狭く、生き物の全身になるべくピントが合うようにしたいのなら、光量を上げるなどして絞らなければならない。

　最低限の装備なら50mm程度の標準レンズかズームレンズ1本。余裕があるなら、80〜100mm程度のマクロレンズをさらに1つ、といったところだろうか。純正レンズから各レンズメーカーからさまざまな製品が流通しているので、選択肢が広く、選ぶのに迷ってしまうだろう。僕も迷うし、購入したのにほとんど使っていないレンズが何本もある。参考までに、爬虫類・両生類を撮影する際、筆者の主力レンズは、24-85mmのズームレンズと50mm、105mm。広角レンズは10.5mm、15mmと14-24mmあたり。なお、被写体にどれだけ近づけるのか、

最短距離もレンズによって異なる。これは自分には重たすぎるかな、ちょっと暗すぎるかな、など予算とも相談しつつ、店頭で試し撮りさせてもらうなどして検討してみよう。画角などそれぞれの写り具合は本書前半に掲載した写真に撮影データを添えたので参考になればと思う。

僕の場合、主目的が「図鑑などの書籍や雑誌に掲載するため」なので、まず、図鑑的カットとイメージ用カットを押さえる。たとえば、成体のマムシなら、50mmで全身が入った図鑑的カットを、105mmで顔など細部のアップ、広角ズームで背景を入れたイメージカット。小型のサンショウウオなら、105mmで図鑑的カットと広角ズームで1カットといったところだろうか。

感度 (ISO) は低いほど高画質で、数値が高くなればなるほど画質が悪くなっていくが、これも最近の機種はすばらしく、以前では考えられないくらいの画質

を高感度撮影で得ることができるようになった。あまりに低い感度だとストロボを使ったり、シャッター速度を遅くするなどして光量を補わなければならない。400くらいが標準なのかもしれないが、

シャッター速度を1/250秒で撮影。後ろの水の流れはある程度止まる。

800でも1600でも最新機種なら十分耐えうる。僕は200か400あたりをよく使う。もちろん、ある程度の範囲内で自動的に感度設定しても良い。

シャッター速度は、あまりに遅いと手

ぶれを起こしてしまうので、そこそこに。脇を締めてしっかりとカメラを持って撮影したとしても、1/60秒くらいが限度だろう。爬虫類・両生類の動きをぴたっと止めるには1/500くらいで。カエルやトカゲで敏捷さが異なるので、相手に応じて適宜設定を変え、1/30秒程度からさらに遅くするならば三脚を使用したほうがぶれにくい。ただし、相手はたいてい逃げようとする爬虫類・両生類だ。三脚を使う余裕がない場面も多いことだろう。僕の場合は、通常、1/125秒以下の速度で撮ることが多い。ストロボを使うなら、1/125や1/250秒でないと同調しないので、その速度に合わせる。背景を意図的に流した場面では三脚にカメラを固定してスローシャッターを用いる。たとえば、川のせせらぎや滝を絹のように流して写したい場面など。これも前半の作例でいろいろ掲載したので参照してほしい。背景ばかり気にしていると、肝心

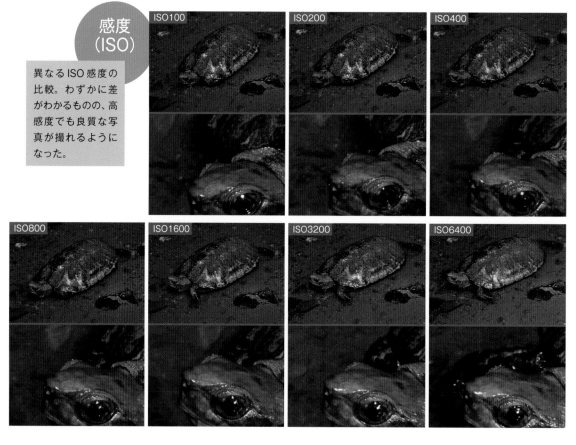

感度
(ISO)

異なるISO感度の比較。わずかに差がわかるものの、高感度でも良質な写真が撮れるようになった。

絞り（F値）

異なる絞り（F値）の比較。絞るほどピントの合う範囲が増す（自動感度設定にて撮影）。

f/3　f/7.1　f/13

f/18　f/25

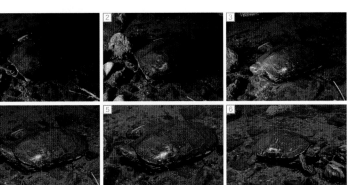

さまざまなライティングの比較。①手持ちライト。②内蔵ストロボ。③内蔵ストロボと手持ちライト。④上付けストロボをダイレクトに。⑤上付けストロボを斜めに。⑥補助光を使って光を回した。光を回す・回さないは好みで。

の生き物に逃げられたりするので、優先順位を忘れずに。速度をいろいろ試してみて、たとえば移動するカエルの手だけ被写体ぶれさせると、動きのわかる写真となって躍動感が出てくる。図鑑的カットとしては不向きだが。

次に、F値で示される絞り。簡単に説明すると、数値が高いほどピントが合う範囲が広まるが、より強い光量が必要となる。光量を増すには、シャッター速度を遅くするか、レフ板やストロボを使うなどの方法が挙げられるし、感度を上げることでも対応できる。一方、開放値で撮ると主眼となる生き物にピントが合って背景などがぼやけて爬虫類・両生類たちが引き立つが、ピント合わせはよりシビアになる。絞り値によって写真の表現がだいぶ変わってくるので、好みや目的によって設定すれば良い。いろいろな絞りで撮って見比べてみたりすると、撮影の楽しみがだいぶ増してくる。僕の場合、図鑑的カットはなるべく絞りたいと考えている。全体にシャープにピントが合っているほど、各々の種類の特徴が記された説明文の助けとなるからだ。被写体のサイズによって使うレンズが異なってくるので一概に言えないが、だいたいf11以上の絞りで撮ることが多い。本の扉ページ（各コーナーの最初のイメージ的なページ。たいていは大きな写真が1ページや見開きで載っている）や表紙などイメージ的な写真用なら逆に開放値やそれに近い絞りを用いることもある。これも好みなので、いろいろな絞り値で

撮ってみてほしい。

撮影に重要な要素となる光。フィールドにはさまざまな光源がある。ストロボは人工的な光だが、色被りが少なく、見ために近い色で写すことができる。夜間撮影などでは重宝するし、内蔵ストロボだけではなく、カメラの上に取り付けるストロボが1灯あると表現の幅や撮影シーンが広がるだろう。暗い場所や夜でなくても使用する場面は多い。ちなみに、爬虫類・両生類の専門店などのスタッフに一眼レフの設定を頼まれることがあるが、上付けストロボを1つTTLモード（自動調光してくれる）にし、感度を400、シャッタースピードは1/125か1/250秒、f/11くらいにして、撮影モードはM（マニュアル）、ズームレンズで構図や画角を調整し、生き物の目にピントを合わせてくださいと言うことが多い。これくらいのシャッター速度なら手ぶれもそう起こらないだろうし、だいたい撮れるはずだ。なお、夜間撮影でなく日中においても、背景とあまりに明暗差がある時などにストロボを用いることもあるし、逆光での撮影時などでも発光させる場合もある。ストロボを用いなくても、手持ちライトのみを光源としたり、内蔵ストロボとライト、太陽光とライトの組み合わせなど光源を組み合わせてみるのも楽しい。

フィールドに注ぐ自然光もおおいに活用しよう。太陽の光といってもさまざまだ。たとえば、朝はうっすらと青みがかった冷たい印象の光だったり、夕方は空気がオレンジ色に染まる。時間帯だけではなく、晴れの日の強烈な光や曇り空のやわらかい光。森の中の木々を通して林床に届く、鬱蒼とした緑がかった光。空気の色を写し込むのも季節感やシチュエーションの雰囲気を写真に込められて楽しくなるはずだ。いろいろな光を上手に使ってみてほしい。空気感を表現しようとわざと全体的に薄暗く撮ってみたり、太陽を背にしたりしても良い。あえて逆光気味に撮ったりしてみても表現はだいぶ変わる。逆光で撮ると被写体が黒くつぶれるが、シルエットを撮るのが

雨上がりの早朝はうっすらと空気が白みがかっている。ストロボ光や
ライトだけではなく、フィールドにはさまざまな自然光に溢れている。

なる。が、先述のとおり、相手は野生の爬虫類・両生類たちで、こちらの指示に従ってくれるわけでもない。風景写真や植物写真とは違う。これも「生き物に与えるダメージをできるだけ少なくするように」を忘れずに。構図や背景にばかり一生懸命になり、動く生き物を押さえつけたりしない。ヘビなどは丸まって萎縮してしまうことも多い。それにこだわるのも楽しいが、あくまでも背景や構図が主眼ではなく、爬虫類・両生類たちが主役だと意識したいところだ。

両生類の撮影

日本に分布する両生類は、大きく分けてイモリ・サンショウウオ・カエルの3グループである。概ね、水場付近にいて、一生のうちのある時期を水中で過ごす。撮影のシチュエーションは水中・水辺・里山・林床など。総じて雨の日はより活発になるので、観察・撮影ともに彼らと出会いやすくなる状況となる。撮影機材が濡れないよう注意しよう。また、ほぼ夜行性で、夜間撮影が主となるが、雨上がりの午前中などは活動していることもある。鱗がなく被写体の反射率が高めなので、光を意識して撮影したい。背景にある葉の水滴などが光ったり、全体的に光が回りやすい状態なので、晴れて乾燥した場面とは異なる印象の写りとなるだろう。イモリとヒキガエルは肌質がごつごつしており、水場から離れた場所で出会うことも多いが、自然な写真に見せようと、陸場で出会った彼らを水の中に入れて撮影すると違和感が出てしまうのでやめておく。日本のサンショウウオやカエルは基本的に陸棲である（オオサンショウウオだけ除く）。基本的に、彼らは繁殖期のみ入水するという生活だと考えてほしい。

イモリは陸場でも水場でも見られ、アカハライモリは水棲傾向が高いとされているが、陸場でもけっこう活動している。周辺の落ち葉の下や草むらの陰に潜んでいて見つけにくいだけなのかもし

目的ならそれはそれで良い。被写体も明るく写したいのなら、ストロボを発光する。晴れた日にストロボを使わず、あえて強い影を残しても立体感や晴れの感じが出るだろう。どれが良いとか決まりはない。フィールド観察をしていると、思いがけないような光加減に遭遇することもある。僕もそれまで体験したことのない幻想的な場面に感動することが未だにあり、しばしその光景に見惚れてしまうが、爬虫類・両生類撮影をしているのならぜひ光も含めた目の前の映像を写真に込めてみてほしい。なかなか難しい面もあるが、チャレンジしがいがあってカメラがまたおもしろく感じるに違いない。

上付けストロボを使う際は、爬虫類・両生類に向けてダイレクトに発光させると被写体に反射した光やストロボの発光面が入ってしまうことがある。特に雨の日の両生類は鱗がないせいか肌がてかてかしているものだから、けっこう写り込んでしまう。発光面を斜めや上に向けたり、遠めの距離から撮影するなどしてそれを防ぐ。冒頭に書いたが、それを防ごうとしてカエルやサンショウウオの水分をティッシュなどで拭き取るようなことはしないこと。何度も繰り返すが、生き物へのダメージは最小限に、が原則。相手をいじり倒すくらいなら、反射した光が入っても良い。かえって濡れている感

じが出て良い写真なのかもしれない。相手はこちらの言葉が通じない野生の爬虫類・両生類である。1枚しかシャッターを押すことができない場合もあることだろう。そういう写真でもたくさん図鑑に使っているし、僕は良い写真を掲載するよりも爬虫類・両生類たちにダメージを与えないほうが優先順位は高いと考えている。なお、影を消すには複数のストロボを使うかディフューザー（ストロボの発光面に取り付けて光をやわらかくするもの。市販品も多数。コンパクトデジカメの話でも触れたように自作でも良い）などを用いるが、多灯撮影の場合、目などに複数のアイキャッチ（光の反射した白い点。1つなら生き生きとして見える）が入って煩わしい印象になることもある。が、これも好みや印象によるだろう。夜間撮影での注意点としては、手持ちのライト光があまりに強いとストロボ光に優ってしまい、変な明暗が生じてしまうこと。弱いライトにするか、ピント合わせをしたらライトを伏せるかOFFにしてシャッターを押すと、これを防ぐことができる。

優先順位は下がるが、構図や背景にこだわってみても楽しい。毎回、画面中央で生き物を写すより、画角を上下左右3分割したとして右左のマスで被写体を写してみると奥行きが出たり違う表現に

① スコールの中、傘を差しての撮影。びっしょりと濡れた林床は光が拡散しやすく、あちこちがきらきらとする。② 逆光の中、ストロボを使わず、林床に届く光のみを光源とした。③ 夜明け直後、朝焼けの海岸線は夕方のように空気がオレンジがかる。

れない。水路や田んぼの水底にいたり、渓流内や周辺の水たまりにいることが多く、夜になると活動し始める。水から出しただけで警告ポーズを取ることもある。イモリが腹部の赤を見せようと、尾や頭を持ち上げる仕草も写真に収めるとおもしろい。個体数が多い場所なら日中でも数多く見られる。1匹だけではなく、複数匹を俯瞰しながら撮ってみても楽しいだろう。ただし、水の中にいたイモリを陸に上げて撮影すると、ぺたんとしてしまうことがある。特徴的な赤や朱色の腹部が見えるのは、防御行動をしている時か産卵するメスで、それ以外はほとんど見せてくれない。水中にいる場面を撮るなら、ハウジングや防水機能のあるコンパクトカメラ、もしくは小さな水槽を用意しておいてそこに移して。水槽を使う場合、できればしばらくエアーレーション（乾電池式のタイプ）をして白い濁りがおさまるまで待ち、ストロボを正面からではなく蓋の上に置くなどして上方から照射すると良い。難しい場合は写りがやや眠くなってしまうが、斜めから撮るのもストロボの発光面の写り込みを防ぐ1つの手段となる。レンズをガラス面にピタッと付けても写り込みを防ぐことができるが、小型水槽では撮影距離を確保できないため困難。なお、水の中にいる爬虫類・両生類を撮る際は、水面がおだやかな位置にいてもらったほうがシャープに写る。水面の揺れで何が写っているのかよくわからなくなってしまいがちだ。おだやかなわんどか水たまりなどにいる個体を狙うか、そういった場所へ移動するのを待って撮ったほうがきれいに仕上が

る。水中の個体を撮る場合、水の透明度も大切で、自分も長靴で水場に入っていて流れがあるのなら川下から狙おう。

サンショウウオは撮影云々より観察すら困難なグループだ。例外的にオオサンショウウオに限っては、個体数の多い生息地ならわりと普通に観察できるが。全てが夜行性で、普段は里山の林や山中の森林内で暮らしており、繁殖期になると水たまりや源流部の細流に集まってくる。繁殖期以外は周辺の森などに拡散してしまうので、出会う機会はほぼなくなる。撮影機会の大半はこの繁殖期となるだろう。撮影にあたっては多くの種類が全国で保全活動が熱心に行われているため、それに参加するのが良い。夜間、ストロボを発光させても問題ないが、観察のための手持ちライトを照射すると逃げてしまうことが多いため、赤いフィルムをライトの発光面に貼り付けたり、照射時間を極力抑えるなどしよう。渓流内に産卵するヒダサンショウウオやブチサンショウウオなどの卵は青く輝き、撮りがいがある。陸上を活動しているサンショウウオに遭遇したのなら、それもシャッターチャンス。ライトを弱めに照射して長時間当てないようにし、そっと近づいたのなら活動的なハコネサンショウウオでもじっと佇んでくれていることが多い。

カエルは種類によってさまざまな場面で撮影することになる。ヒキガエルなどの撮影シーンは都会の真ん中にある公園から郊外・里山・丘陵地から山間部までと多岐に渡る。枝上・葉上・水際・水たまりから顔を出しているところ・林床などいろいろで、愛らしくモデル要素を備

えた生き物だ。胸を張るように佇んでいたり、のそのそと歩いているが、警戒されると地に伏せてしまい、緊張感が伝わってしまうので、ポーズにも意識してみよう。

アマガエルやトノサマガエルをはじめ鳴嚢を大きく膨らませる種類なら鳴いている瞬間も良い。多くのカエルは昼間、目を瞑ってうずくまり木陰や葉陰などで休んでいる。夜になると、大きな目を開き、動きのある写真が撮れるようになるだろう。カエルはジャンプして逃げようとするが、着地点を確認するように逃走ルートを探したら、手のひらでルートを遮ってみよう。躊躇して、動きが一瞬止まる場合があるので、そこでシャッターを押す。手やカメラに跳び乗って来ることも多いが。また、カエルの瞳孔は猫のように大きくなったり小さくなったりする。ライトを照らすと小さくなってしまうので、ピントを合わせてからライトを消してシャッターを切ると、瞳孔が開いて黒目がちなよりかわいい表情で撮れる。

爬虫類の撮影

日本に分布する爬虫類はヘビ・トカゲ・カメの3グループ。海に棲むウミガメとウミヘビはより特殊な撮影となるので省く。

いずれもさまざまなシチュエーションで出会い、撮影シーンも多岐に渡る。それぞれ昼間でも夜でも撮影する場面があるので、目的の種類ごとの生活史を知っておきたい。両生類と異なり、鱗があるので肌の反射は写りにくいが、動きがよりすばやい。春先から秋にかけてが概ね

昼間、樹上で休むモリアオガエルがいた。ストロボ光の有無を比較。

同じく、発光の有無の比較。樹上のキノボリトカゲ。

鬱蒼とした森の中の水場に現れたヤマカガシを木漏れ日のみで撮影したかったが、頭が日陰にかかってしまった生き物の位置の失敗例。とはいえ、ヘビを引っ張り出してこちらの都合で位置を決めるようなことはしない。ヘビが萎縮したり警戒したりして、どこか違和感のある写真になりがちになる。

出現時期にあたる。

　ヘビはまず逃げようとする。日光浴をしている場合、そっと近づけばじっとしてくれていることもあるが、こちらに向かってきたり、積極的に攻撃してこようとするものはほとんどない。こちらの気配に気がつくと、威嚇姿勢となり、やがて逃走する。ヘビは捕まえようとしたり、相手に逃げ道をなくすような追い込みかたをした時に初めて攻撃してくるのだ。もっとも、出会い頭に遭遇したら攻撃してくるかもしれないが、筆者は今のところ、攻撃を仕掛けられた経験がない。じっとしてくれていたらスムーズに撮影できる。が、逃げられたら追いかけるしかない。木の根元などを背にして相手が逃げられないと感じたら、S字型に威嚇行動を取ってくる。ヘビの撮影で難しいことの1つが、ポーズだ。まっすぐ伸びていたら、落ちている枝のようでどこか格好悪いし、警戒されすぎて極度に丸まっている姿もいまいちだ。全身にこだわらず、迫力あるバストアップだけ切り取っても良いし、うまくポーズを取ってくれたら理想的である。この点、シロマダラやマムシ・ヒメハブなどはじっとしてくれていることが多く撮りやすいと言える。

　トカゲの仲間は多種多様だ。最も出会う機会の多いのはヤモリであろう。他にも、肌のつるつるしたスキンクやがさがさした肌質のカナヘビも身近な存在。南西諸島には樹上棲のキノボリトカゲや林床で生活するトカゲモドキがいる。ヤモリは夜行性で、春から秋にかけて各地で観察できる。市街地に多いため、ストロボ発光は必須だが、人目が気になってしまうし、よその家の玄関先にいるヤモリを見つけたとしてストロボを用いて撮影するのも控えたい。撮影以前に、手持ちライトで照らしただけでも、ご近所トラブルになりかねない。前もって許可を得ていれば良いのだろうが。自宅の敷地内や公園内などシチュエーションに配慮すべし。ニホントカゲをはじめとしたスキンク類は都心部の公園から山岳地帯に至るさまざまな場所で出会える。たいてい近

くに石垣や岩場があるような所だ。沖縄ではオキナワトカゲが低地に、山地ではバーバートカゲに出会える。林床の湿った場所にはヘリグロヒメトカゲが多い。昼行性で、晴れた日の午前は特に多く観察できるものの、敏捷で近づくのが難しい。ゆっくり近づいてもたいてい逃げられてしまう。そんな時はカメラの準備をしておき、隠れた場所のそばでじっと待ってみよう。数分後に出てきてくれることがよくある。一方、カナヘビは枯れ枝が集められていたり、草むらなどでよく出会える。こちらも市街地から山岳地帯まで広く分布し、スキンクよりも動きが遅めなので、近づくのはやや容易。視力に頼っている部分も大きいらしく、遠めにカナヘビを見つけたら、相手の視界を遮るように茂みや木陰から近づくといっきに接近できる。アムールカナヘビやアオカナヘビなどは警戒心が高く茂みに逃げられてしまうこともあるが、1匹見つけたら周辺にも他個体がいることが多いので、根気よく探してみよう。日光浴中など目を閉じていることもある。いずれにせよ、振動を抑えるように忍足で近づくのがコツ。だるまさんが転んだと同じ動きで、シャッターを押しては近づくを繰り返して距離を詰めて行く。キノボリトカゲも昼行性で、幼体は地表付近に、成体は太い幹に縦止まりしているシーンが目立つ。こちらの気配を察すると幹の裏側に回り込んでしまうので、距離の詰めかたを工夫しよう。

　カメで最も多く見られるのがミシシッピアカミミガメかクサガメだろう。都心部から丘陵地の河川や水路のほか、池や沼などで日中、日光浴をしている姿がよく観察される。イシガメは東海地方以西の本州・四国・九州の渓流や水路などで、昼夜問わず出会えるが、観察機会は減少しているのが残念だ。カメは水の中にいたほうが色みが美しく撮れる。水中では四肢も頭も伸ばしていることが多い。日光浴をしているシーンでものびのびしている姿勢だが、黒っぽく写りがちだ。水の中にいるカメは、浅瀬の場合、

手持ちのライトの光が強すぎたため、ストロボ光でも消し切れていない例。トカゲモドキの右後肢が明るくなっている。

人間目線ではなく、生き物目線で撮った写真。

水槽を用いた撮影例。

アカハライモリの警告ポーズ。水中から摘み上げただけでこの姿勢になる個体もいる。

水中にいるイモリ。波紋が落ち着いたらシャッターを切るか、ゆるやかな流れのイモリを狙う。

1 立ったまま見下ろすような位置で撮ったカメ。2 中腰になって撮ったカメ。まだ角度がきつい印象を受ける。3 カメの目線に近い位置で撮影。自然な角度となった。

　岸辺や岩などに掴まって休んでいる時が狙い目。四肢を畳んでいるカメに遭遇したら、その場でじっと待つ。やがて四肢を伸ばして移動し始めた時がシャッターチャンス。昼間、石の上などで日光浴をしているカメを撮ろうと不用意に近づくと水中へダイブされてしまうので、遠めから狙えるレンズが向いているだろう。

　目にピントを合わせて撮ったが、鼻先や身体もはっきりと写っている写真を撮りたい。という質問も多く受けるのでかるくおさらいしておこう。より広範囲にピントを合わせたいのなら、被写体を斜め方向から撮るのではなく、レンズに対して水平になるような位置にしてみる。次に、より絞って（F値を高くする）撮影するか、レンズを広角寄り（○○mmの値が小さいレンズ）にする。絞って撮ると暗く写ってしまうのなら、ストロボを発光して光量を補う。でなければ、感度を上げる。といった方法がある。ただし、被写体の大きさなどにも左右され、カメはストロボを使って絞ればシャープに写りやすいが、小さなアマガエルは全身にピントを合わせるのはなかなか難しい。

日 本 の
爬 虫 類
両 生 類
野 外 観 察 図 鑑

Field Guide to
the Reptile and Amphibians
of Japan

爬 虫 類 ・ 両 生 類 の

観 察

奥深き日本の爬虫類・両生類たち。ベテラン調査員でも「何度訪れてもフィールドは楽しい」と言う。筆者も同感で、全国各地を何周も巡っているだけではなく、同じ場所へ何度も何度も通っている。フィールディングはいてもいなくても学べることがあるし、新たな発見があるものだ。カメラを手に、近所でも遠方でも生き物好きならぜひ野へ足を運んでみてほしい。筆者の経験談を交えながら話を進める。

フィールド観察の魅力

フィールドでの観察はそれだけで楽しいものだし、野生を生き抜く彼らから学ぶことは多々ある。ペットとして爬虫類・両生類を飼育している愛好家であまり野に出たことのないという人は、ぜひ出かけてみてほしい。たとえば、ヒョウモントカゲモドキを1匹だけかわいがっている人でも、種が違っても同じ爬虫類。億劫なことはない。ヒガシニホントカゲやニホンカナヘビ・ニホンヤモリ・ヒキガエルなら東京都心部でも見かけられるし、郊外にもいる。遠方まで足を運んだり、藪や草むらなどの道なき道を進まなくても身近な場所でも野外観察はできる。どんな気温や天候の時にいるのか、周辺にいる餌昆虫はなんだろうかなど考えたり、日中なら木陰と日向の気温差を実際に体感したり、そよ風を感じたりする。実際、手で捕まえてみても良い。想像以上にすばやかったり、力強かったりするだろう。い

秋に出会ったトウホクサンショウウオ。

ろいろと体感したうえで家に帰ってから
飼育ケースの中の風通しや与えている
餌・飼育スペースの広さなどを再考し
てみよう。飼育していて行き詰まった時
があったのなら、解決に繋がるヒントが
フィールドにたくさんあることがわかっ
たりするものだ。目的としていた爬虫
類・両生類に出会えない時も、他の種類
に出会えたりすることもあれば、さっぱ
り何もいないこともある。そんなことは
筆者もままある。大事なのは、誰かが大
量に捕獲してしまったからいなくなった
とか考えるのではなく（可能性としては
ゼロではないのかもしれないが）、まず
は「なぜ、いなかったのだろう」と考えて
みよう。気温がいつもより低いことが原
因だったのかもしれない。餌昆虫の出
現時期でなかったのが理由なのかもし
れない。原因はさまざまで計りしれない
ことも多いだろうが、"彼らについて思
いをめぐらすこと"が重要なのだ。気温
が原因だと思ったのなら、次回はもう少
し暖かい日に再度行ってみる。逆に暑
すぎたのなら、涼しい日にする。予想が
当たって出会えたらより嬉しいし、そう
やって経験値を重ねることがフィールド
観察の楽しみだと考えている。近所で
もかまわないので、同じ場所へ何度も足
を運ぶのも良い。僕はこういう仕事をし
ていることもあるが、地元の爬虫類・両
生類を知っておきたいと考えているの
で、年間を通し、さまざまな時間帯や天
候で何が出てくるのか把握したく、現在
も継続的に同じ場所へ通っている。ま
た、その際、爬虫類・両生類だけではな

移動するアズマヒキガエル。都市部から山中までさまざまな場所で出会う両生類だ。

く、その他の生き物たちにもある程度目
を向けていたら、サワガニやミミズなど
の数などから出てくる爬虫類・両生類
の傾向を経験上、把握できるようになっ
てきた。

　たとえば、道路上でヘビに遭遇した
とする。僕の場合、まず観察して撮影
し、場合により一度捕獲して道路脇に
逃し、再度、撮影。種類によってはその
場で長さを測定するが、メジャーがない
場合はヒバカリなど小さな個体なら手
に乗せて測定することもある。自分の
手のひらの長さや指の長さ・肘までの
長さなどを覚えておけばだいたいのサ
イズなら測定できる。そして、逃した後
は姿が見えなくなるまで観察。山手な
のか沢のほうへ行くのか、水の中か岩陰
か、また、どんな具合に身を隠すのかな

ど見届けることは彼らの隠れ場所を推
察する材料として役立ってくる。同じ
場所を何往復もすることがある。雨の
山中で夜通し観察していた時の話で、
最初、ミミズやサワガニが道路上にたく
さん現れ、これは期待できそうだと観察
を続けると、複数のサンショウウオたち
が現れたことがあった。先のように計測
したり撮影しながらフィールディングを
続けると、やがて雨風が止み、むわっと
湿度が上がって霞がかかってきた。す
ると、先ほどまでたくさんいたサンショ
ウウオたちの姿が消え、代わりに何匹も
のヒキガエルが現れ、シーボルトミミズ
を捕食したり林道を闊歩したりしてい
る。その様子を撮影しながら、夢中に
なって同じ道を何往復もしているうちに
夜が明けてきてしまった。先ほどまで林

1 ニホンカナヘビは最も観察しやすい爬虫類の1つ。公園の草むらや河川敷・山中などさまざまな場所で観察できる。模様や色彩には個体
差があるのでよく観察してみよう。2 産卵中のアカハライモリ。さまざまな生活シーンの観察も楽しい。3 樹上のモリアオガエルのペア。

自販機の灯りに集まる小さな昆虫類を狙うアマガエル。たくさん食べられたのかぷっくらとしている。

昼間、草むらの茂みの奥で休むアマガエル。

道を賑わせていたヒキガエルたちはどこかに消え、僕もどこかで仮眠しようと考えていると、タカチホヘビとシロマダラに遭遇。結局、眠りにつけたのは太陽が昇った頃だったが、同じ道で時間帯を分けるようにさまざまな爬虫類・両生類たちと出会え、濃厚な夜を過ごすことができたのだった。これは、専門誌の取材の帰路、強めの雨が降ってきたのでカーナビの地図であたりをつけて、わずかな期待を持って立ち寄ったある晩の出来事だが、しっかりと種類を決めてから出かけるのもいい。観察したい爬虫類・両生類について、あらかじめ書籍などから情報を得ておこう。逆に、対象を決めずフィールドに出て、何が出てくるのかわくわくしながら探索してみるのも楽しい。コツの1つとしては、視覚だけではなく、聴覚や嗅覚も頼りにしてみよう。カエルなら鳴き声も手がかりとなるし、マムシなどは特有のにおいが漂ってくることもある。僕は車で出かける時、目的地が近づくと窓を開けて外の音に耳を傾けている。1人よりも2人以上で出かければ、さらに出会いやすくなるだろう。安全面でも複数での観察を推奨したい。

フィールド観察の準備と危険生物

服装はジーンズなどのズボンに長袖のシャツ・帽子など。ぬかるみや水たまりなどに入ることもあるので、長靴も重宝する。汚れても良い、動きやすい格好が向く。僕はたいていこんな服装で、後はガーデニング用手袋をするくらいの軽装備。持っていくものは、カメラと小さな容器(タッパウェアや虫かごなど)に、手持ちのライト。ライトは昼間でも携帯する。パイプなどの中や岩の割れ目などを覗くこともあるからだ。網などもあれば便利だが、僕は持っていくことはほぼない。天候が崩れそうな時は折り畳み傘とビニール袋も加えるが、みなさんはレインコートのほうが良いかもしれない。袋はどしゃ降りになった時のことを想定し、カメラを守るため。マムシを狙う場合はトングを用意することもある。夜間のフィールディングで最重要なのがライトとなる。ライトの照射範囲がそのままこちらの視界となるため、強力な製品が良い。フィールド観察の折、ベテランの人とライトの話で盛り上がるほどである。重要なことだが、予備の乾電池を忘れないこと。電池が切れたら最悪の場合、朝まで動けなくなる。何度か懲りている僕は、予備の乾電池をだいたい12本携帯し、ライトが切れても手探りで電池交換ができるように指先で覚えた。危険な場面に遭遇したことはないが、僕の場合、最悪の事態も考慮して笛と熊除けの鈴・スマートフォンも携帯する。笛は滑落して足を骨折などして動けなくなった際に助けを呼ぶため、スマートフォンは電波の届かない山中でもたまに尾根など開けた場所でわずかに届くこともあるので、念のため。みなさんに複数での観察を推奨しているのはこういった理由からである。

危険動物にも注意する。クマ・シカ・イノシシなどの大型哺乳類に加え、ムカデやスズメバチといった危険な虫など。マダニなども危険だし、ヤマビルには何度もやられたことがある。対応策としては、山間の道を車で走行する際は安全運転で。大型哺乳類にぶつかったらこちらの被害も大きいことだろう。僕は一度も轢いたことがない。運もあるだろうが、山道に入ったら国道でも狭い林道でもゆっくり走るようにしているからだろう。アナグマなどはのそのそとしていて、轢かれにきているのではないだろうかと思うような動きをしてくることもある。こちらが低速なら避けられるはずだ。シカやイノシシが横断していた

石の上のアマガエル。灰色と茶褐色に体色を変え、見つけにくい。

本州・四国・九州の渓流で広く観察できるタゴガエル。個体差や地域性が見られる。

のなら、刺激せず、また、1匹だと考えないこと。連なるように何匹が続くことがある。大きなシカやイノシシが山手の斜面に移動した場合、落石があるので気をつけよう。クマは過去、3匹遭遇したことがあるが、いずれも運転中のことで停車せず、窓も開けず、フィールディングを中止したり、場所を変更した。けっこう怖いのがサルで、歯茎をむき出しにしながらすごい形相で向かってくることがある。窓を開けてカメラを向けると刺激してしまうので気をつける。哺乳類では結局、人間が一番怖いと考えているが…。ヤマビルは多い地域だと非常に生息密度が高く、知らないうちに吸血されていることがある。血がなかなか止まらず、服も汚れてしまう。草むらや落ち葉が溜まっているところに多いので、あまり足を踏み入れないようにすること。長靴を履いていれば多少防げるが、いつのまにか登ってきて、ズボンの折り目などに潜んでいることもあり、車に戻っ

てから発見することもあった。里に降りてきたらシャツをめくって鏡で見るなどして胴回りや二の腕など皮膚のやわらかい部位を特にチェックする。発見したら、ライターなどの火であぶるか伸びていない状態の時に指でパチンと弾き飛ばす。僕は指パッチン派。水上移動ができないようで、水たまりなどにいるとやられにくいが、頭上にある葉から落ちてくることもある。帽子をしておくと良い。何度もやられているのでかなり警戒しているが、それでも吸血されることがある。マダニは草などから移ってくるらしいので、茂みや藪を不用意にかき分けたりしなければ良い。もしマダニに噛まれていた場合は、すみやかに病院で処置をしてもらおう。ピンセットで摘んで除去しようとすると、頭部だけ残ったりすることがあるからだ。北海道で噛まれたマダニに気がつかず、本土へ戻るまで2日間、ダニと旅をしたこともあるが、途中3回入った温泉でも取れず、

自宅で肥大したマダニに気がついた瞬間は恐ろしかった。結局、病院で切開手術し除去してもらって済んだが、マダニはさまざまな病原菌を媒介する危険生物なのでくれぐれも注意しよう。皮膚科の先生の話では、山中だけでなく、市街地の公園などにも生息しているそうだ。森の中でカチカチと音が聞こえてきたのなら、スズメバチの威嚇行動の可能性が高い。刺激せずにその場から立ち去る。コバエほどの大きさのブヨは沢周辺の流れがない場所に多く、やられると赤く腫れて痒みがなかなか引かない。集団で追いかけられたこともある恐ろしい虫だ。これら危険動物の被害を抑えるには、道以外のエリアに足を踏み入れないことが有効。周辺の草むらにはこれらの生物のほか、マムシやヒメハブなどが潜んでいることもある。南西諸島のフィールディングでは特に注意。先述したように、道路や観察路などの遊歩道・登山道からでも十分観察できることが

1 タワヤモリも地域によって天然記念物に指定されている。 2 ニホンイシガメは各地で激減しており、採集を控えるか最低限の匹数に留めよう。産卵を控えた大きなメスも捕まえない。そのほうが継続的な観察を考えると得策である。 3 たとえ法的規制がなくても個体数が多い種類でも採集する際は、1、2匹に留めたい。特に流水性サンショウウオの繁殖は非常に難しく、ほぼ消費飼育という状況なのだから。

ほとんどなので、草むらを分け入ったり藪漕ぎせずとも良い。僕もそんなことはほとんどしない。本書などで掲載した写真は、登山道や遊歩道からか自分の車が目視できる範囲内での撮影である。

マナーと法律

爬虫類・両生類のフィールド観察には、近所の公園などを散策したり、車をゆっくりと走らせて道路上に現れる生き物を見つけるほか、自然公園などの観察路を訪れるなどの手段がある。また、各地で観察会が行われているので、参加するのもおすすめだ。車での観察では生き物が出てきたからといって急停車

しないこと。必ず後続車がいないかどうか確認し、停車できるスペースに停める。里山などに広がる自然公園などでは、地元の人に挨拶をしたり、事情を説明しておくとトラブルが少ない。もちろん、勝手に私有地や田んぼ・畑に侵入するのも禁止。このへんは爬虫類・両生類のフィールディング云々の話ではなく、一般的なマナーの問題である。山などでは急な天候の変化にも気をつけよう。

爬虫類・両生類のフィールド観察では、天然記念物についても知っておかなければならない。国指定天然記念物のほか、県指定・市町村指定などもあり、オオサンショウウオやクロイワトカゲモドキなどの他にも、トウキョウサンショ

ウウオは特定第二種国内希少野生動植物種に指定され、販売や頒布目的での捕獲や譲渡が禁止されているし、カジカガエルやモリアオガエル・ヒダサンショウウオ・カスミサンショウウオ（現在はヤマトサンショウウオ）なども一部の地域で天然記念物に指定されているケースもある。指定されている種に手で触れることも禁止されている。主な天然記念物（国だけでなく市町村指定も含む）や国内希少野生動植物種に指定されているものを挙げておく。

オオサンショウウオ・アベサンショウウオ・キタサンショウウオ・トウキョウサンショウウオ・ハクバサンショウウオ・ホクリクサンショウウオ・アベサンショウウオ・カスミサンショウウオ（ヤマトサンショウウオ）・オオイタサンショウウオ・オキサンショウウオ・ヒダサンショウウオ・ブチサンショウウオ（チュウゴクブチサンショウウオ）・アカイシサンショウウオ・ベッコウサンショウウオ・オオダイガハラサンショウウオ・ソボサンショウウオ・アマクササンショウウオ・オオスミサンショウウオ・トサシミズサンショウウオ・ツクバハコネサンショウウオ・ハコネサンショウウオ・イボイモリ・ミヤコヒキガエル・ナゴヤダルマガエル・イシカワガエル・アマミイシカワガエル・オットンガエル・ホルストガエル・ナミエガエル・カジカガエル・アマミハナサキガエル・コガタハナサキガエルなどの両生類。アオダイショウ・キクザトサワヘビ・ミヤコヒバァ・トカゲモドキの仲間全種・キシノウエト

ヒガシヒダサンショウウオも環境開発などにより生息地や生息個体数が減っている。生き物好きなら安易な捕獲、特に卵嚢の採集は控える。

 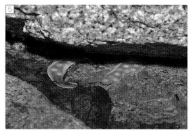

④ 飼育を検討している場合、きちんと世話ができるかどうか、適した餌を与え続けられるかなどよく考えたうえで。衝動的に採集して後悔しないように。⑤ 青く輝くヒダサンショウウオの卵嚢。観察や撮影後は元どおりにし、原状回復する癖をつけよう。

カゲ・コモチカナヘビ・サキシマカナヘビ・ミヤコカナヘビ・ヤエヤマセマルハコガメ・リュウキュウヤマガメなどの爬虫類など。その他、動植物が地域ごと天然記念物に指定されていたり（モリアオガエルなど）、条例で捕獲が禁止されているケースもあるので気をつけること。地域によっては普通種だが、別の地域では天然記念物となっていることがわかるだろう。うっかり捕獲することのないよう、くれぐれも注意する。

　法的規制のかかっていない種や地域においても、捕獲する際は必要最低限の匹数に留める。繁殖期のメスなどは捕まえないべきだし、継続して観察したいのであれば、来年以降のことも考えて、最低数にしたほうが得策ではないだろうか。たとえば、泡巣作りをしているモリアオガエルを丸ごと捕まえたり、特にメスを連れて帰るのはやめよう。ましてや、自称愛好家が大量に捕まえて売って儲けようなどと考えるのは、生き物好きのすることではないし、たいして儲かるものでもない。サンショウウオの卵嚢や繁殖期に集まってきた成体を捕獲して販売しているケースがしばしば問題になっている。カエルも含め、卵を捕まえたり入手したりしたとして、仮に全部育ったらどうするのだろう。到底、世話しきれるとは考えられない。実際は数匹生き残る程度だろうが、サンショウウオやカエルの幼生の飼育は餌の確保だけでも相当な手間がかかる。飼育するのであれば若い成体を1、2匹で良いのではないだろうか。サンショウウオに関し

てはわずかな繁殖例があるものの、現状は消費飼育と言わざるを得ない。繁殖技術が確立されておらず、死んでは捕えてくるの繰り返しである。匹数が少ないならまだしも、大量に捕獲し大量に殺してしまっては自らの手でその場所の生き物の絶滅を多少なりとも手伝っているようなものだ。環境開発が各地域の絶滅や減少の最大要因だとは思うが、くれぐれも法律を遵守し、捕獲する際は大きなメスを避け、最低限の匹数に留めてほしい。その場所で観察を続けていきたいし、未来の生き物好きが観察する機会を自分の手で潰してしまうのは悲しいことである。僕の知っている生き物好きな人たちは、そういうことを考え、捕獲

する場合でも捕りすぎるようなことはしない。ただし、生き物の飼育は、その生物を理解するうえでとても大事なことである。飼って初めてわかることも、新たな発見も多々あるものだ。ルールやマナーを守ったうえで、"後ろめたい気持ちのないよう"採集や飼育をしてほしい。

　観察や捕獲の際、観察会やツアーガイドに参加する以外に、詳しい人に案内してもらったりすることもあるだろう。場所を教えてもらった後で、その人に無断で他人に教えたり、SNSに場所がわかるような写真を載せたりするのもマナー違反。というか、それ以前の問題である。爬虫類・両生類のフィールド観察に限った話ではないが、世の中にはい

川底に潜むオオサンショウウオ。ゴミ（水色の針金）も見える。生息地ではわりと普通に観察できるが、国指定天然記念物。捕獲は禁止。

渓流に注ぐ細流。ここではナガレタゴガエルと出会ったが、
さらに上流には流水性サンショウウオたちが暮らしている。

田んぼ周辺はカエルやイモリのほか、シマヘビやヤマカガシ・ヒバカリなどが好む環境。

田んぼ周辺を流れる水路。カメやカエルなどが多い。

休耕田や田植え前の田んぼは特に観察に適している。

沼地も止水性サンショウウオの繁殖場の1つ。泥に足を取られないようにする。

里山の棚田の小さな水路は止水性サンショウウオが好む産卵場所。

この大きな水たまりは恒久的なものではなく、晴天が続くと干上がってしまう。しかし、春先などにはたくさんのアカハライモリやモリアオガエルが集まっていた。

ろいろな人がいる。良い人間でも、状況が変わって魔が差すことがあるかもしれない。「爬虫類・両生類の撮影」でも触れたが、写真にヒントがあると探せる人間なら辿り着けてしまう。ネットで全国の詳細なマップを簡単に得られるようになった現在、写真をアップする際は慎重にしてほしい。

爬虫類・両生類の多くは物陰を好み、どこかに潜んでいることが多い。倒木や石などを動かしたら、必ず元に戻すことも大切だ。マナーでもあるし、次回以降の観察のことを考慮すると、またそこで見つけられることがよくあるからである。

それと、試してみてほしいことがある。面倒だが、フィールドでもしゴミを見つけたら拾って、持ち帰ってみてほしい。単純に気持ちの良いものだし、自分の通っているフィールドがきれいになり、より生き物が増えてくれたら観察機会も増すというものだ。友人がこうして

いるのを見て、僕も真似をしてみた。真似というか実際のところは一緒にいた友人が拾っているので、少しくらい僕も拾わないとバツが悪かったのだ。心の中で「なんだこいつ、いい人ぶりやがって」と思ったり、「面倒だなぁ」「誰も見ていないから見て見ぬふりをしてやろうか」「荷物が増えるじゃねーか、誰がこんな山奥にゴミを捨てていくんだよ」などと小声でぶつぶつ文句を言いながら拾っていたが、持ち帰ったゴミをまとめて捨てた時の気持ちの良さはとても新鮮だった。山奥にこんなにたくさんのゴミがあることを初めて知った。

出会いやすい場所に転がるさまざまな手がかり

フィールドには、観察のヒントとなる手がかりがある。それを見逃さないのも探索のコツの1つだ。爬虫類・両生類

の観察で共通しているのは、水辺周辺に多く見られるということ。水場にもいろいろある。川・渓流・水路・田んぼ・池・沼・湖・水たまりなど。まずは水があるかどうか見渡してみよう。

生き物たちは人間も含め、全員が生態系の一員で繋がり合っている。他の動植物たちにも目を向け、俯瞰するようなイメージで観察に臨んでみてはいかがだろうか。ミミズやサワガニなどが現れてきたら沢や湿った場所が近くにあるということ。ミミズを食べるカエルやヘビも近くにいる可能性が高くなり、さらにそれらを狙うヘビも集まりやすくなる。ヘビの脱皮片を発見したら、その場所にいた証。近辺で出会える可能性が高くなるし、いなくてもそこがヘビにとって好条件だということを知ることができる。水辺にはカメが生活しているし、夜、水田近くの自販機や外灯などの灯りに寄せられた小さな昆虫類を狙って、アマガエルやヤモリも現れる。水田にはカ

丘陵地の水路周辺はヤマカガシなどヘビと出会いやすい環境。

渓谷。本流は水量が多く、流れも速い。ここではカジカガエルやオオサンショウウオが観察できた。

郊外の小川。ニホンイシガメやクサガメ・スッポンのほか、さまざまなヘビやカエルが暮らす。

初春に源流域を訪れる際は、クマやシカ、ヤマビル、ブヨなどに気をつけよう。

源流部の流れのゆるやかなところはサンショウウオの幼生たちの生活場所。

山の麓を流れる水路。周辺に隠れ家となるような環境があるとヘビに遭遇することが多い。

ヒダサンショウウオと出会った小さな沢。

わずかに残雪が残る初春。源流域では流水性サンショウウオたちが繁殖期を迎える。

春の原生林。タゴガエルやサンショウウオは細流のさらに上のうっすらとした流れを好む。

初春の高原の水たまり。ミズバショウやザゼンソウが咲く頃、サンショウウオやカエルたちの活動が本格化する。

山頂付近に広がる原生林の枯れ沢。雪解け後には流れがあったのだろう。こういった場所にも両生類たちが潜んでいることがある。

石垣がある遊歩道。こういった環境ではアオダイショウやシマヘビのほか、ジムグリやニホントカゲなどと出会う機会が多い。

隙間の多い石垣。たくさんのニホントカゲが暮らす。

小さな流れのそばの斜面はサンショウウオの幼体たちの生活場所の1つだ。

林道に現れたアオダイショウの幼体。

日光浴をしているニホントカゲ。

山道を走行する際は見通しが悪いカーブが多いので、生き物ばかりに目を囚われず、対向車や後続車などに気を配った安全運転を最優先に。

法面のパイプから顔を覗かせるニホントカゲ。さまざまな爬虫類・両生類の隠れ家となっている観察ポイントだ。

メの足跡が見られることもあれば、カエルは鳴き声が手がかりにもなる。水辺に生える木々の種類を覚えておけば、草が茂っていて遠目では見えなくてもそこが湿地だったりすることもあるだろう。僕は植物にはあまり詳しくないが、経験上なんとなく体で覚えていて、木々を見て「あそこまで行けば水たまりか湧き水があるだろう」と判断できることも多い。たとえば、こんなふうに考えなが

ら僕は探索する。全国的にたいていの山は植林されているが、沢まわりの多くは雑木林などが残っている。虫は食草が決まっていることがほとんどなので、植生が豊富なほど昆虫類の種類も多いことだろう。それらを餌にする両生類も棲みやすい環境ではないだろうか。などと考えながら、沢周辺を重点的に探索して目的のサンショウウオに出会えたことが何度もある。水辺が近いこともある

が、植生は生息密度に大きく関わっていることが多い。一方で、あっさりと杉林でも見つかることもあって、やっぱり出会えた数は少ないものの、フィールドは奥深いというか、彼らのたくましさに感心したりする。

地形を見て探索することもある。崖上に雑木林が広がっていたら、その下の側溝に落ちてきているのではないかなどと覗く。落ち葉の溜まりにタカチホ

草地にはカナヘビが多い。ここではたくさんのアオカナヘビと出会うことができた。

枯れ草や枯れ枝が多い場所はニホンカナヘビが好む。

九州のとある海岸の岩場。岩の隙間にヤモリが潜んでいた。

ニシヤモリなど海岸の岩場を生活の場とするヤモリの生息環境。

ヘビの脱皮片は良い手がかりとなる。周辺に潜んでいないかよく探してみよう。

ハコネサンショウウオが轢かれていた。天然記念物や新種記載された種を含むさまざまな爬虫類・両生類たちが轢き殺されている。少なくとも、われわれ生き物好きは轢かないようにゆっくりと安全運転をしよう。

ミミズが出ているかどうかは観察の目安となる。

壁面を登って寝床に帰るアオダイショウ。見つけたらいなくなるまで観察してみると、隠れ家を想像しやすくなる。

岩の隙間に帰るサンショウウオたち。

林床の石の隙間を覗くとトウホクサンショウウオが休んでいた。

脱皮片を見つけた場所でしばらく待機していたら、日当たりの良いパイプの上にアオダイショウが現れた。

ヘビが潜んでいたり、イモリが出てきたりすることもあった。ミミズもたくさん出てきたので、上から落ちてきたのではなくタカチホヘビはミミズを狙ってここへやってきたのかなどと考えながら観察したり、シャッターを押す。味をしめて、別の同じような側溝で探してみるが見つからず、また考える。すると、一見すると似たシチュエーションだが、いないほうの側溝は南側で全体的に乾燥していることがわかる。苔や地衣類などもあまり生えていない。これがいる・いな

いの違いなのかしら、などと考えるのが楽しいし、勉強になる。どれが正解で不正解なのか定かではないが、こんな経験を重ねていくうちに正答率も上がっていくものだ。

多くの生き物がそうであるように、爬虫類・両生類たちも周囲を同じような色彩をしていることが多い。まわりの環境に擬態し、天敵から身を守ったり餌昆虫などに気がつかれないよう忍び寄るためだ。往々にして周囲に溶け込んでいるのだから、生き物の輪郭がぼやけてし

まうのは致しかたない面もある。それが自然らしい写真となるが、より被写体を目立たせたい場合は生き物を無理に移動させるようなことはせず、絞らずに開放値近くで撮って背景をぼかしたり、ライティングを工夫してみよう。

天候ごとの観察と撮影

日本には四季があり、北海道から沖縄までさまざまな気候帯がある。天候もいろいろだ。順に観察のコツを紹介する。

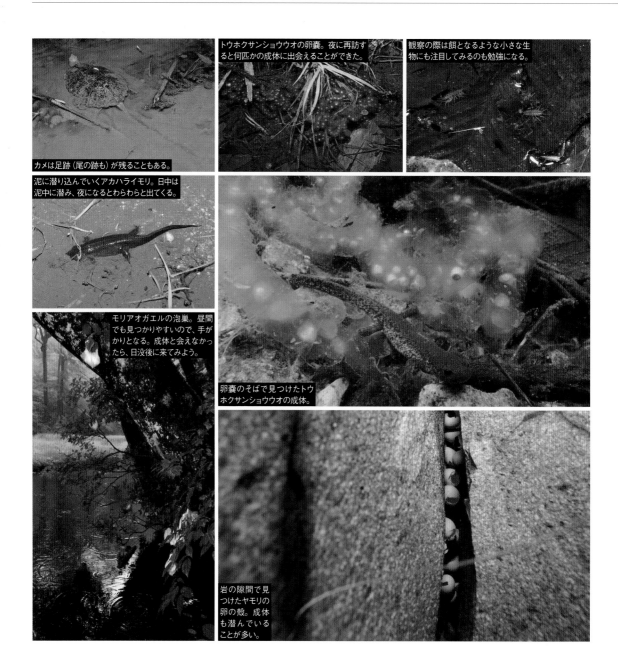

カメは足跡（尾の跡も）が残ることもある。

トウホクサンショウウオの卵嚢。夜に再訪すると何匹かの成体に出会えることができた。

観察の際は餌となるような小さな生物にも注目してみるのも勉強になる。

泥に潜り込んでいくアカハライモリ。日中は泥中に潜み、夜になるとわらわらと出てくる。

モリアオガエルの泡巣。昼間でも見つかりやすいので、手がかりとなる。成体と会えなかったら、日没後に来てみよう。

卵嚢のそばで見つけたトウホクサンショウウオの成体。

岩の隙間で見つけたヤモリの卵の殻。成体も潜んでいることが多い。

　まず、天候から。雨の日は両生類たちが活発になる。撮影にあたっては生き物の周囲が反射率の高い水に溢れ、光も回りやすくなるだろう。長靴にレインコート・カメラが濡れないよう傘を差して防水し、タオルと着替えを携帯したい。夜行性である両生類たちは日が暮れるとより活動的になるので、日没後に狙う。車での探索の場合はぬかるみや落石に十分注意し、必要以上に警戒し

てほしい。タイヤがぬかるみにはまった経験が何度もある僕からの強い警告である。JAFなどの救援を呼べるエリアなら良いが、電波の届かない場所だと集落周辺まで歩いて行かなければならなくなる。寒さに震えながら、スマホの電波が立つのを願いながら誰もいない真っ暗闇の山中を何kmも歩いたことがある。徒歩の場合でも通常は草むらのような場所でも底なし沼のようにぬか

るんでいることがあり、うっかり足を踏み入れて抜けなくなった挙句、転倒して全身泥まみれになったこともあった。くれぐれも油断しないでほしい。看板で警告されていることが多いが、山間部の河川では雨量によりダムの放水があるため、そういう河原などに入らないこと。
　雨の強さによっても出現する生き物の傾向が変わる。傘を差さないと厳しいほどの強い雨でも両生類全般は活動す

るが、それを狙ってシロマダラなども現れる。強い雨の晩にニホントカゲに時折遭遇するが、シロマダラに追い立てられたのだろうか。雨上がりから雨後にかけても両生類たちは活動していることがあるので、やんだからといって諦めることはない。

　曇天では、光がやわらかいので撮影が行いやすい。撮影が主目的の僕としては理想的な天候と言える。夏場などはこちらも動きやすいし、フィールディングには適した条件ではないだろうか。ただし、天候が変わって急な雨が降ってくることもあるため、天気予報をチェックしつつ予報しにくい山間部などでは晴天だったとしても夕立ちなどに見舞われる可能性を考慮し、傘やレインコートを携帯しておくと良い。夜間の曇天は月明かりもなくライトの光により頼ることになる。繰り返すが、予備の電池を忘れずに、多めに携帯しておきたい。

　晴天の時は環境の明暗差が強く、撮影が失敗しやすい面がある。絞りやライティングに配慮し、カメラ任せにせず、モニターで適正な明るさで写っているか必ず確認しよう。周囲が日向で、被写体が日陰にいる場合などはストロボを発光させてみたり、測光を被写体に合わせるとか日陰部分だけを画角に入れるようにするなど配慮する。雨後の晴天時などは特に日光浴をしている爬虫類が出現しやすい。都市部から郊外の公園の池や沼・水路などでは陸地部分にいるミシシッピアカミミガメやクサガメが、丘陵地から山間部の渓流などではニホンイシガメが現れやすいだろう。周辺に石垣などの隠れ場所がある日向には特に午前中、ニホントカゲなどが観察され、草むらや枯れ枝がまとめられている場所にはニホンカナヘビが多く見かけられる。日光浴をして体温の上がった彼らは俊敏で近づくのが難しいが、最も出会いやすい天候なので何度もチャレンジしてみよう。昼行性のヘビ、たとえばシマヘビやアオダイショウなども市街地から山間部の至る所で日光浴をしている姿を観察できる。

　その他の悪天候、雪や雷雨・霧や靄などの場合は観察すること自体が危険なので、安全な場所に移動してフィールディングを諦める。

　時間帯でも、観察対象が変化してくる。爬虫類・両生類には必ずしもその限りではないが、昼行性・夜行性と、薄明薄暮（朝方と夕方）に活発になるものがいる。両生類は基本的に夜行性で、夜の観察がメインとなる。昼間は湿度の高い物陰で休んでおり、観察はやや難しい。イモリは日中でも活動しているが、夜のほうがだいぶ活動的と言えるだろう。日が昇ってから昼あたりまでは、昼行性の種類のメインの活動時間。朝、活動を開始した彼らはまず日向で体温を上げ、餌を探し、消化するためにまた日向へ移動する。これを夕方まで繰り返しているようなイメージ。満足したらねぐらへ帰るのか、総じて午前中のほうが出会いやすい。ヒバカリやヤマカガ

標高の高い林道。雲が多く、所々に靄がかかる。ヒガシニホントカゲと出会った。

シ・ジムグリなどは夕方に観察できることが多く、完全に日が暮れるとマムシやシロマダラ・タカチホヘビ・ハブ・ヒメハブ・アカマタなどがより活発に行動する。ねぐらにいるヘビの観察や撮影は、爬虫類・両生類で最も難しくほぼ不可能。彼らの活動時期にこちらが合わせるしかない。このように、活動時間がある程度決まっているので、昼間全くいなかったからといって、そこに爬虫類・両生類はいないと思わず、夜になって再訪してみよう。昼間1匹もいなかった水路が、夜になると何千匹のイモリで溢れることもあってびっくりする。

季節ごとの観察と撮影

本書前半では季節ごとに掲載した写真を並べたので、どの時期にどの種類が出現期にあたるのか把握しやすいことと思う。季節で日照時間は大きく変化す

晴れの午前中は多くの爬虫類が日光浴に出てくる。こういった壁面は上の茂みからトカゲが現れやすい。

晴れた日の夕方の林道。トカゲやヘビの遭遇率がわりと高い道。

雨上がりの夜、林道にヒキガエルが現れた。

雨天の夜は多くの両生類が活発になるが、水面に波紋が出てしまうので撮影はやや難しい。

晴天時の森林内。そばに沢が流れている。沢風で風通しが良く、日陰と日向で気温差があることを体感してほしい。

雨の晩に出会ったイシガメ。おだやかな流れの場所でも雨は水面に波紋が生じさせる。

雪の日のフィールディングは安全面からも諦めたほうが良い。

12月。落ち葉の溜まりにいたマホロバサンショウウオ。

12月。雨の夜に活動するセトウチサンショウウオ。

2月には各地域で里山のサンショウウオたちが繁殖時期を迎える。

本格的な降雪前。水たまりでアベサンショウウオが繁殖行動をし始める。

初春の晩。水底の泥の中から次々と現れ始めるアカハライモリ。

雨上がりの早朝に出会ったマホロバサンショウウオ。

標高や地域によって異なるが、概ね、雪がなくなり通行止めが解除された直後はサンショウウオたちの観察時期に重なる。

南西諸島も3月あたりからさまざまな爬虫類・両生類たちが活発になる。草上を滑るように移動するアオカナヘビ。

初春、沢に現れたヤマアカガエルのメス。

る。登山道などで観察する際は下山時間も考慮に入れて進むこと。山の中は月明かりも届きにくく、開けた尾根でも曇天時はかなり暗い。僕は予備の電池を忘れて真っ暗な山道をスマートフォンのライトのみで下山したことがあった。非常に危険なのでくれぐれもライトの装備は完璧に。以来、予備として小型のライ

トも携帯することにしている。里と山では暗くなる時間にも開きが生じ、ましてや山中の森では数時間も前から暗くなることがあるので、インターネットや新聞で調べた日没時間に縛られず、早め早めの行動が大切。日が暮れるのが早い時期は早起きして観察に赴こう。各々の種類や生息域における出現時期が異な

るので、拙著『日本の爬虫類・両生類生態図鑑』(誠文堂新光社)を参照してほしい。それぞれの写真に撮影月と撮影地(都道府県)を記してある。ここではおおまかに季節ごとの観察と撮影について紹介する。まずは冬から。

多くの爬虫類が冬眠に入るなか、両生類たちは繁殖期を迎える。南西諸島の

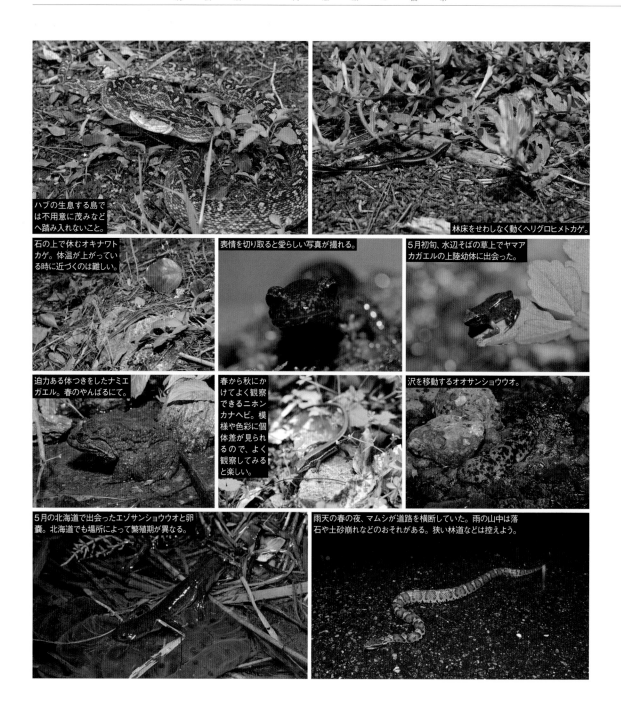

ハブの生息する島で
は不用意に茂みなど
へ踏み入れないこと。

林床をせわしなく動くヘリグロヒメトカゲ。

石の上で休むオキナワト
カゲ。体温が上がってい
る時に近づくのは難しい。

表情を切り取ると愛らしい写真が撮れる。

5月初旬、水辺そばの草上でヤマア
カガエルの上陸幼体に出会った。

迫力ある体つきをしたナミエ
ガエル。春のやんばるにて。

春から秋にか
けてよく観察
できるニホン
カナヘビ。模
様や色彩に個
体差が見られ
るので、よく
観察してみる
と楽しい。

沢を移動するオオサンショウウオ。

5月の北海道で出会ったエゾサンショウウオと卵
嚢。北海道でも場所によって繁殖期が異なる。

雨天の春の夜、マムシが道路を横断していた。雨の山中は落
石や土砂崩れなどのおそれがある。狭い林道などは控えよう。

カエルたちや本土ではアカガエルの仲間が寒い時期に水場に集まって繁殖行動を行う。冬場に彼らを観察していると、低温下で子孫を残そうとたくましく活動する彼らにいつも胸を打たれる。魚ですら動きの鈍い冷水の中で繁殖行動を行うナガレタゴガエルは、何度観察しても感心する。それが彼らの戦略な

のだろうが、たくましい。12月下旬から里山の止水性サンショウウオたちのオスが水場に集まり始め、アベサンショウウオや一部のセトウチサンショウウオなどは早くも卵嚢が観察できる。1月に入ると、降雪のない渓流ではヒダサンショウウオたちが沢に現れ、初春にかけて繁殖行動を行う。里の池や水たまりではヒキ

ガエルやニホンアカガエル・ヤマアカガエルなどの卵塊が見られるだろう。2月から3月初旬になると、さらに繁殖期を迎える種類が増え、北海道ではキタサンショウウオが、また、各地の里山で暮らす止水性サンショウウオたちが活発になってくる。冬場は危険動物の出現がほとんどないのも嬉しい。

石の上で日光浴をしていたアオダイショウ。5月初旬の埼玉県にて。

5月、道路脇の水たまりの石裏に産卵していたツルギサンショウウオ。

昼間に出会ったツシママムシ。生息個体数の多い場所では本土のマムシにも日中遭遇することがある。

春と秋に観察機会の多いタカチホヘビ。

日光浴中のオカダトカゲ。好適条件の場所ではたくさんの個体が出没する。

6月初旬、モリアオガエルの落ちた泡巣に群がるアカハライモリ。

5月下旬あたりからモリアオガエルが現れ始める。

年々見る機会の減っているオキナワキノボリトカゲ。温暖な沖縄県での生き物は本土よりも出現時期が長いのが嬉しい。

梅雨は多くの種で観察に適した時期にあたる。6月、ダルマガエルに出会った。

タイリクミナミイシガメ。田んぼでは畔や田に足を踏み入れないようにする。

初夏、林床に現れたツシマスベトカゲ。

水棲傾向の高いウシガエルだが路上に出ていることもあるので、走行に注意しよう。

茂みの奥にいたアズマヒキガエル。6月、埼玉県の山中にて。

鳴くツチガエル。カエルは鳴き声や鳴嚢の形でも種類を判別できる。

　3月下旬から初春を迎えるようになると、いよいよ冬眠から爬虫類たちも目覚め始め、全国的に一年を通して最も観察に適した時期となる。ゴールデンウィークあたりからダルマガエルやトノサマガエルたちが水場で卵を産み、6月、ホタルが飛び交う頃になるとモリアオガエルたちが泡巣作りに精を出す。ヘビも多く

見られる時期だ。種々の爬虫類・両生類たちが各地で盛んになるため、4月から梅雨までは僕もスケジューリングに忙しくなる。同時に、秋にかけてヤマビルや大型の哺乳類たちも活動を始めるので、それらにも気をつけよう。

　梅雨が明け、本格的な夏を迎えると、いったん彼らの活動は落ち着いてくる。

さすがに爬虫類・両生類たちにとっても暑いのだろうか。ヤマカガシやシマヘビ・ニホンカナヘビなどには比較的出会うものの、それ以外の種類の観察にはあまり適さない時期だ。観察・撮影する側も暑さにまいってしまうことがあるので無理をしないよう行動したい。暑さに弱い僕は何度も熱中症になりか

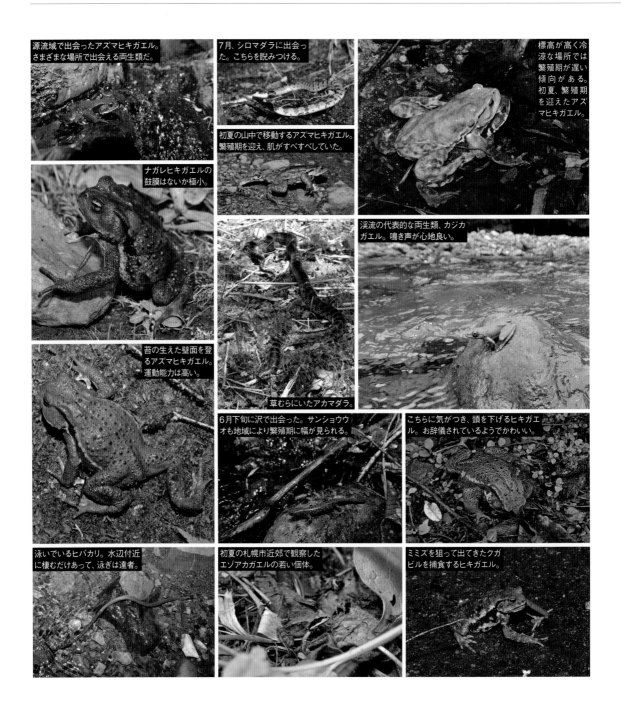

源流域で出会ったアズマヒキガエル。さまざまな場所で出会える両生類だ。

7月、シロマダラに出会った。こちらを睨みつける。

標高が高く冷涼な場所では繁殖期が遅い傾向がある。初夏、繁殖期を迎えたアズマヒキガエル。

ナガレヒキガエルの鼓膜はないか極小。

初夏の山中で移動するアズマヒキガエル。繁殖期を迎え、肌がすべすべしていた。

渓流の代表的な両生類、カジカガエル。鳴き声が心地良い。

苔の生えた壁面を登るアズマヒキガエル。運動能力は高い。

草むらにいたアカマダラ。

6月下旬に沢で出会った。サンショウオも地域により繁殖期に幅が見られる。

こちらに気がつき、頭を下げるヒキガエル。お辞儀されているようでかわいい。

泳いでいるヒバカリ。水辺付近に棲むだけあって、泳ぎは達者。

初夏の札幌市近郊で観察したエゾアカガエルの若い個体。

ミミズを狙って出てきたクガビルを捕食するヒキガエル。

け、ほうほうのていで車に戻ってエアコンをMAXにして数時間ダウンした経験が何度もある。なので、車には常に飲み物をストックしておき、脱水症状や熱中症を防いでいるが、あまりに辛かったので極力無理せず、涼しい地方や高山を選択したり、気温が落ち着く秋以降のフィールディングプランを考えたりしている。夏場、晴れていても遠くで雷鳴が聞こえたら雨と雷に警戒し、沢にいたらすぐにその場から離れること。真夏でも観察できなくもないが、秋を待つほうが賢明だ。酷暑のなか無理してまで観察することはない。

秋は春に次いで観察のしやすい時期。こちらも動きやすい。種類によっては繁殖期を迎えるものもある。経験上、タカチホヘビやシロマダラは秋雨の時期によく出会うし、10月下旬から11月中旬あたりまで暖かい日はヘビやカメを観察しに出かけている。ハコネサンショウウオも春ほどではないが秋も行動的になるので観察できるかもしれない。気温がぐっと下がり、年末が近づくと僕

9月に出会ったシマヘビ。脱皮前で目が白く濁っている。

シュレーゲルアオガエル。雨上がりの茂みで出会った。

初秋。水辺の森内でツチガエルがいた。

ミミズを食べるタゴガエル。大きなミミズも食べてしまう。

山中の林床にいたヒバカリ。低地から山地までさまざまな水場で観察できる。

シマヘビ。10月、東京都内を流れる小川の遊歩道付近で観察。

原生林が寒々とした情景になる11月下旬、ヒダサンショウウオに出会った。

秋に出会ったジムグリ。

10月下旬、池のほとりでアカハライモリの幼体に出会った。

真夏、山中の広場でニホンカナヘビと出会った。

はサンショウウオやカエルとの出会いにまた思いを馳せるようになる。

地域ごとの観察

全国47都道府県を複数回以上ぐるぐると回って観察をしているので、筆者の経験を元に地方ごとの爬虫類・両生類についてもざっと紹介しておく。ただし、地元の人には到底かなわないので、あくまで参考として捉えてほしい。

北海道は固有種も多く、爬虫類・両生類のフィールディングには興味深い地方だ。ニホンアマガエル1つとっても本土より大型なものが多くおもしろい。キタサンショウウオやエゾサンショウウオ・エゾアカガエルなどの両生類と、道北にのみ分布するコモチカナヘビは北海道ならでは。本土にも生息するシマヘビとアオダイショウ・ジムグリだが、北海道の個体群は見ための雰囲気が異なる。止水性では例外的に卵嚢が青く輝き湿原を彩るキタサンショウウオは天然記念物なうえ、観察機会が冬に限ら

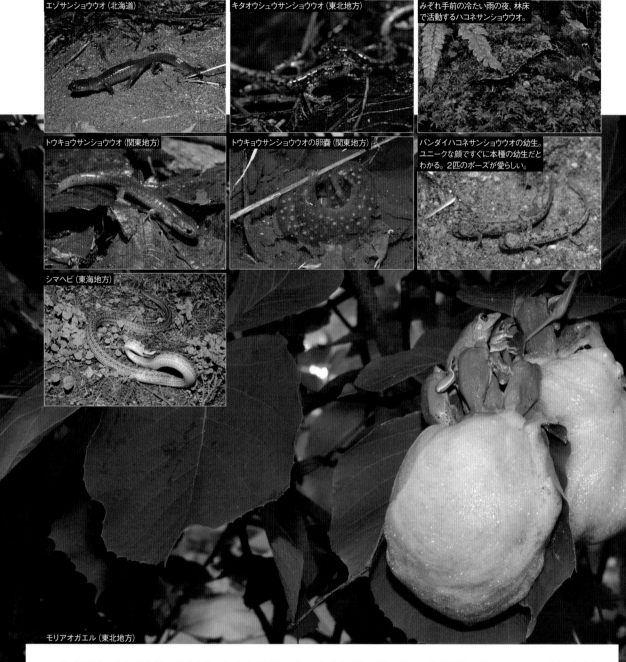

エゾサンショウウオ（北海道）

キタオウシュウサンショウウオ（東北地方）

みぞれ手前の冷たい雨の夜、林床で活動するハコネサンショウウオ。

トウキョウサンショウウオ（関東地方）

トウキョウサンショウウオの卵嚢（関東地方）

バンダイハコネサンショウウオの幼生。ユニークな顔ですぐに本種の幼生だとわかる。2匹のポーズが愛らしい。

シマヘビ（東海地方）

モリアオガエル（東北地方）

れ、生息場所や生息個体数の減少などから観察・撮影共に困難。年間の活動時期が限られているコモチカナヘビも難しい。生息場所の湿原の大半はラムサール条約に指定されているので、観察にあたっては湿原の入り口にある湿原センターなどを訪れて、木道で日光浴をしている姿を狙うのが良い。エゾサンショウウオやエゾアカガエルは雪解けあた

りから活動を始め、さまざまな水場で卵嚢や卵塊を観察できる。春から秋にかけては本土よりも時期が短くなるが、ヘビの観察がおもしろい。アオダイショウは青みがかった個体がいるかもしれない。シマヘビははっきりとしたラインの入る個体は少なく、中には本土とは別種のような外見をしたものもいる。ムギワラヘビと呼ばれるタイプで本土にもいる

が雰囲気が異なる。トカゲ類は本土と同様、岩場や草むら付近で見かけられる。
　東北地方では、雪解けからサンショウウオたちが活動を始める。ニホンアカガエルは地域によってほとんど見られないが、ヤマアカガエルやトノサマガエル・タゴガエル・アズマヒキガエル・ツチガエルなどはわりと普通に観察できるだろう。北部の山岳部ではキタオウシュウ

サンショウウオが、中部から南部にかけてはバンダイハコネサンショウウオ。南部にはハコネサンショウウオ、局所的にタダミハコネサンショウウオが分布し、初春にはさまざまな止水域でクロサンショウウオの卵嚢が水中を彩り、夏までその幼生で水場が賑やかになる。トウホクサンショウウオは止水ではやや流れのある場所に、そこそこの流水でも卵嚢が観察できる。地域個体群により外見に差異が見られるので注目してみるとおもしろい。那須から仙台平野にかけてはダルマガエルも見られ、トノサマガ

エルは全域で普通に出会えるだろう。ニホンカナヘビはある程度出会えるが、ヒガシニホントカゲは北海道と同じく、関東以西ほど観察機会は多くない。ジムグリなどの個体数もわりと安定した印象で、各種のヘビが観察できる。秋田や青森ではツキノワグマの被害もしばしば報告されており、実際に大きな個体に遭遇したこともある。クマ避け対策を忘れず、1人で山中に行かないようにしよう。さまざまな温泉地が点在し、フィールディングの疲労が癒される。

関東と上信越地方は都会が近いせい

か、さまざまな観察会が行われている印象を受ける。ヒキガエルはどこでも出現し、見かけたことのある人も多いことだろう（アズマヒキガエルと国内移入のニホンヒキガエルが混在している）。東京都心でもニホンヤモリやヒガシニホントカゲ・ニホンカナヘビ・アオダイショウが観察できるし、関東平野の周縁部の里山あたりを探索すると、トウキョウサンショウウオやアカハライモリ・モリアオガエル・シュレーゲルアオガエル・ニホンアマガエル・カジカガエル・ダルマガエル・ニホンアカガエル・ヤマアカガエ

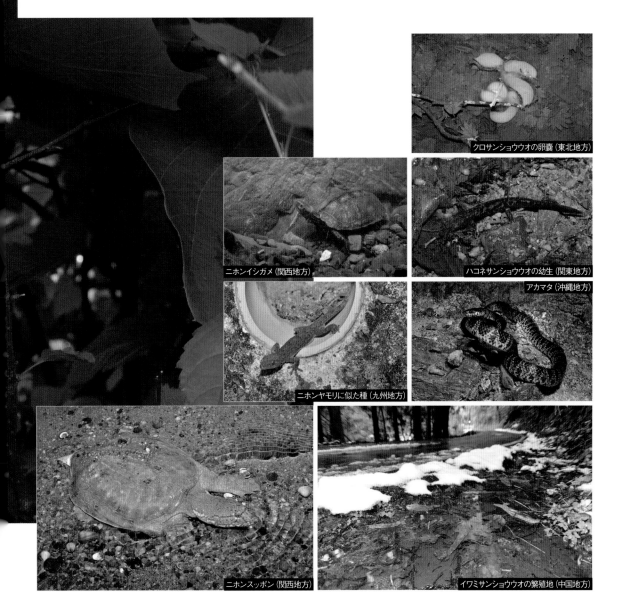

クロサンショウウオの卵嚢（東北地方）

ニホンイシガメ（関西地方）

ハコネサンショウウオの幼生（関東地方）

アカマタ（沖縄地方）

ニホンヤモリに似た種（九州地方）

ニホンスッポン（関西地方）

イワミサンショウウオの繁殖地（中国地方）

ル・ヌマガエル・ツチガエルなどの両生類と出会えるだろう。埼玉での有尾類の観察は東京よりも難しい。タカチホヘビやシロマダラ、近年では見る機会が減っているヤマカガシやヒバカリ・マムシなどは郊外の丘陵地で出会うこともある。ミシシッピアカミミガメやカミツキガメといった外来種も多く、都心部を流れる神田川や千葉の印旛沼周辺などではさまざまな外国産の爬虫類・両生類が確認されている。山間部まで足を伸ばすと、ハコネサンショウウオやヒガシヒダサンショウウオが生息し、群馬県や栃木県から長野・新潟県にかけてはクロサンショウウオやトウホクサンショウウオなども分布している。クロサンショウウオは初春にかけて、湿原の木道からたくさんの卵嚢を観察することができるだろう。モリアオガエルは関東地方でも場所により斑紋の有無や色・虹彩の色が異なるので注目するとおもしろい。佐渡島には固有のサドガエルやクロサンショウウオ・モリアオガエルなどが暮らす。新潟県は広大で全域にクロサンショウウオが、中部以東でトウホクサンショウウオが分布し、山間部にはハコネサンショウウオやタダミハコネサンショウウオが分布する。

東海と北陸地方は両生類たちが山間部を中心に多く見られる。北アルプス・中央アルプス・南アルプスが連なる、山の深い地域だ。フォッサマグナなどの地溝帯が入り組み、その周辺部に点在するようなかたちでアカイシサンショウウオやミカワサンショウウオ・ハクバサンショウウオが分布する。ハコネサンショウウオやヒガシヒダサンショウウオ

は静岡県と山梨県・愛知県と岐阜県の県境などの山岳地帯で観察できる。止水性サンショウウオは太平洋側でほとんど見られないものの、ヤマトサンショウウオが三重県や愛知県・岐阜県などでわずかな生息地が点在し、観察機会はたいへん少なくなっている。トノサマガエルとダルマガエルは平野部から丘陵地にかけてわりと容易に観察できる

トサシミズサンショウウオ
の調査（四国地方）

が、名古屋市などの近郊ではヒキガエルやイモリがほとんど見られなくなった。マホロバサンショウウオ（旧コガタブチサンショウウオ）も局所的に分布しているものの、観察は困難。北陸地方まで北上すると、クロサンショウウオが比較的容易に観察でき、能登半島ではホクリクサンショウウオやハコネサンショウウオなどが分布する。福井県や富山県にはアベサンショウウオもいる。富山県や長野県に分布するハクバサンショウウオの生息エリアはかなり標高が高い止水

域で、出会うのは難しい。カエルやヘビの観察はわりと容易で、長野県などの山地にいるジムグリはアカジムグリと呼ばれる背面が一様に赤で、腹部が一様に白いタイプもいて探索しがいがあるだろう。東海以西では、ニホンイシガメが観察できるようになる。近年、乱獲により著しく生息個体数が減っているものの、丘陵地の河川を中心に平野部から山間部まで広く分布している。ニホンヤモリは日本海側や太平洋側の沿岸域を中心に出会えるが、温暖化のせいか岐阜県など内陸部でも観察できるようになった。モリアオガエルは静岡県東部では斑紋が関東の個体群のように小豆色の個体が目立ち、西に向かうにつれて銅色や金色へ、愛知県に入ると鮮やかな赤となる。日本海側のモリアオも含め、各地域でこれだけ差が見られておもしろいカエルだ。

関西地方では、ハコネサンショウウオの模様が赤や朱色になり、中部から北部の山間部にはヒダサンショウウオが、南部になるとオオダイガハラサンショウウオが生息する。鈴鹿山脈周辺の沢にはマホロバサンショウウオやナガレヒキガエルが暮らし、渓流部から平野部にかけてニホンイシガメやクサガメが見られるほか、オオサンショウウオに出会う機会も増す。大阪や神戸といった都市部ではあまり観察できないものの、関西地方は街と山との距離が関東に比べてかなり近く、フィールドまで訪れやすいのが嬉しい。点在的に分布する旧カスミサンショウウオたちの観察会は各地で行われているので、自分で探してみてはいかがだろうか。シマヘビはカラスヘビと呼ばれる黒色型の割合が関東地方などよりも増え、ヤマカガシは斑紋のないタイプがよく見かけられる。

中国地方はオオサンショウウオを含め、サンショウウオの生息密度が高い印象を受ける。ハコネサンショウウオ・ニホンイシガメやヘビにも出会うことが多い地域だ。山間部にはチュウゴクブチサンショウウオやヒダサンショウウオな

チュウゴクブチサンショウウオ（中国地方）

ヤマカガシ（中国地方）

リュウキュウヤマガメ（沖縄地方）

クロイワトカゲモドキ（沖縄地方）

どが、里山には旧カスミサンショウウオが複数種、各地に分布する。日本海側になると、海岸線付近にまで分布し、小型のサンショウウオでは観察しやすいほうだ。外見上の区別はなかなか難しいが、ヒキガエルはアズマヒキガエルからニホンヒキガエルへと分布域が変わってくる。この地方で興味深いのがヤマカガシで、さまざまなタイプが混棲する。青や黒色型に加え、斑紋のないタイプや通常の派手なタイプなど。島根県の隠岐では、固有のオキサンショウウオとオキタゴガエルが分布している。

四国地方は近年の細分化により、有尾類で固有種が増えている。トサシミズサンショウウオ（旧オオイタサンショウウオ）・シコクハコネサンショウウオ（旧ハコネサンショウウオ）・イシヅチサンショウウオ（旧オオダイガハラサンショウウオ）・セトウチサンショウウオ（旧カスミサンショウウオ。これは本州にも分布する）・ツルギサンショウウオ（旧コガタブチサンショウウオ）・イヨシマサンショウウオ（旧コガタブチサンショウウオ）。このように、アカハライモリ以外の有尾類は全て別の種となった。トノサマガエルは全体的にいるが、ダルマガエルはほとんど観察できず、瀬戸内海側に局所分布する。なぜかモリアオガエルは分布していない。よって、四国で観察できるアオガエルは全てシュレーゲルアオガエルとなる。モリアオガエルがいないせいか、時折、びっくりするような大きなシュレーゲルアオガエルに遭遇す

る。逆に、新潟県の佐渡島にはシュレーゲルアオガエルが分布せず、アオガエルは全てモリアオとなるが、田んぼの畔で泡巣を観察したり、虹彩が黄色く小型で無斑のものもいて興味深い（通常のモリアオガエルと同じく水場の枝上に泡巣を作り、大きな個体もいる）。ニホンイシガメやオオサンショウウオは関西や中国地方ほど多くないが生息する。西部から北部の沿岸域を中心にいるタワヤモリ（対岸の本州にもいるが）。ニホンヤモリと同所的に見られる場所もあったり、タワヤモリだけ観察できる所もある。迷った場合は撮影後に拡大し、大型鱗が混ざるかどうか確認してみよう（混ざらなければタワヤモリ）。ヘビはヤマカガシがおもしろい。黒色型や白と黒のタイプ、派手なタイプと中国地方のようにさまざまだ。

九州地方も固有種が多い。流水性サンショウウオはどれも限られた場所に分布し、チクシブチサンショウウオは分布域が広く、比較的個体数が多いものの、全て捕獲するようなことはせず観察に留めるべきだろう。他に、ブチサンショウウオ・コガタブチサンショウウオ・ベッコウサンショウウオ・オオスミサンショウウオ・アマクササンショウウオ・ソボサンショウウオ・オオイタサンショウウオ・カスミサンショウウオなどが生息する。ニホンヤモリは体型が太く、大型鱗が少ないかほぼ入らないものなどがいるほか、ニシヤモリやヤクヤモリ・タワヤモリ・ミナミヤモリなども観

察できるので、注目すると楽しい。沖縄同様、九州はたくさんのヤモリが観察できる地域だ。ヘビも本州の分布種が生息しているので、比較してみても興味深いかもしれない。対馬にはアカマダラやツシマスベトカゲ・ツシマサンショウウオ・ツシマアカガエルなどが観察できる。

鹿児島県の島嶼部から沖縄地方にかけての南西諸島は、同種でも島ごとに違いが見られるものも多く、観察にはたいへん興味深い地域である。ほとんどが固有種で、島嶼部に生息していることもあり、天然記念物にされていたり、条例で捕獲が禁止されている種も多い。基本的に観察だけに留めよう。また、気候が温暖なため、冬場でも本土より観察しやすいのも嬉しい地域だ。モリアオガエルと並び、イシカワガエルはたいへん美しく、ナミエガエルやホルストガエルのボリューム感はすさまじい。ただし、クマがいない代わりにハブやヒメハブ、八重山にはヤエヤマハブが生息しており、毒蛇の危険度は本土よりもずっと高まる。近年では沖縄島北部に広がるやんばるの夜間通行禁止など環境保全政策も施行されているため、ツアーガイドや観察会に参加してのフィールディングを特に推奨したい。本土からいきなり行ってもなかなか出会えないもので、詳しいベテランの人が主催するガイドに参加したほうが出会える確率はだいぶ高まるはずだ。

日本の
爬虫類
両生類
野外観察図鑑
Field Guide to
the Reptile and Amphibians
of Japan

爬 虫 類 ・ 両 生 類 の

捕獲と飼育

飼育から学ぶことは多い。飼育して初めて新たな知見を得て発展してきた生物ジャンル
もある。フィールドでの生態系を考慮しながら、法律を遵守するなどルールに則っての
捕獲・飼育は大切なことだ。また、観察時に捕獲できるものは捕まえてみよう。動き・す
ばやさなどを体感することも大事だと考える。サイズや体重なども測定したり、鱗の並
びかたなどを確認するために一度捕獲することもあるだろう。

捕獲の手段と守るべきルール

　フィールドでの観察はそれだけで楽
しいものだし、野生を生き抜く彼らか
ら学ぶことは多々ある。ペットとして
爬虫類・両生類を飼育している愛好家
であまり野に出たことのないという人

は、ぜひ爬虫類・両生類たちをより深く
知るために、実際に捕まえてみたり、一
部の種を飼育することは大切なことだ。
　以前、日本で真夏にサンショウウオ
を探してほしいという研究者からの依
頼があったことがある。通常、サンショ
ウウオの観察は春先に限定されるもの
で、まず見つからないと伝えたのだが、

結局、フィールドへ同行することになっ
た。案の定、いくら探しても全く見つか
らない。以前、北米産のサンショウウオ
をペットとして飼育したことがあり、い
つも餌やりの時に苔の下からのそのそ
出てきたことをふと思い出した。そこ
で、乾燥しきった枯れ沢の大きな岩に
生えた苔をめくってみたら、サンショウ

南西諸島に分布するイボイモリ。飼育や捕獲は法律で禁止されている。

ウオが出てきたことがあった。雨も降らず、多少の湿り気のある苔の下で乾燥に耐えていたのだろう。国は違えど、相手は同じサンショウウオ。飼育も観察も共通する部分が多いものだ。どちらも大切なことだと考えているし、互いに役立つ場面が多々ある。1匹でも外国産含め爬虫類・両生類を飼育している人は、ぜひフィールドへ出てみてほしい。僕がそうであったように、フィールドで学ぶことの多さに感動し、彼らの奥深さに心を打たれることだろう。ベテランのヘビ飼育者が自信満々にフィールドでアオダイショウの捕獲を試み、あっさりと噛みつかれたこともある（少し血が出る程度で問題ないが）。動きのすばやさと力の強さに驚いていたのを覚えている。逆に、屋外観察しか経験のない人（あまりいないと思うが）は、アオダイショウやニホンヤモリなど身近な種類を飼育してみてはいかがだろうか。フィールド観察に役立つヒントを飼育下から得られることもあるはずだ。

　捕獲するにあたっては、さまざまな法律やルールがあるので、必ず遵守すること。法律については先述したが、事前にそれぞれの自治体などのホームページで確認しておくと良い。法律上、特に捕獲などが禁止されていない種でも乱獲をしない。飼育できる匹数だけに留めてほしいし、くれぐれもそれを売って儲けようとは考えないでもらいたい。生き物を大事にして、彼らからさまざまなことを学んでほしいと願う。フィールドで目的の種類が見つかった嬉しさのあまり、SNSなどに安易に載せる人もいる。SNS自体は便利なツールだと思う。使いかたの話で、投稿する前に場所が特定できるような写真ではないだろうかなど一考すべきである。希少種であるにもかかわらず「たくさん捕獲できました」とか「こんな

ヘビの捕獲。丸まっているヘビを上からやさしく掴み、拾い上げる。

場所にいました」などという投稿を、自慢げに詳細に場所がわかるような写真付きで見たこともあるが、非常にがっかりしてしまった。僕にしてみれば、自慢ではなく愚行にしか思えない。彼らの姿を不特定多数に伝えたいのなら、目印が写っていないよう場所がわからないような写真や生き物たちに向けたコメントでいいと思う。真の生き物好きで彼らのことを考え、長期的にフィールド観察を続けたいのであれば、繁殖を控え腹部の膨らんだメスを捕まえるようなことはしないだろう。また、カエルやサンショウウオの卵嚢をごっそり採集したり、販売しようとしている光景を見ると失望する。もちろん、少しの卵嚢や卵を採集し、発生の様子を手元で観察したいという目的なら賛成だ。程度の話で、販売や自慢・くだらぬ自己満足のために"ごっそりと"卵を捕ることが問題なのである。たとえば、飼ってみたいけど見つからず、帰宅後に販売されているのを知って、インターネットで購入する行為は乱獲を助長していることに繋がるとも考えている。需要と供給の問題で、購入者がいれば、爬虫類・

両生類たちがお金に見える人間はさらに捕獲するものだ。

　捕獲してきた爬虫類・両生類を再びフィールドに戻して良いのかどうか。日本の生き物だから捕まえて勉強し、飽きたら野に放せば良いといった声もあるが、現在、ミトコンドリアDNAによる研究の成果で、同種と思われていたものから次々と新種が見つかったりしている。遺伝子汚染を考えたら、安易に放すことはできない。同じ川でも、上流と下流でアカハライモリの外見に差異が見られることもある。上流のものを下流に放逐したらきっと遺伝子汚染に繋がってしまうだろう。それに、他の両生類を飼育している時などは特に病原菌を野に持ち込むことになる。基本的には、一度飼育下においた生き物を野に戻すべきではないと考えている。短期間だけ飼育環境においたものを、捕まえた同じ場所へ戻すことはそんなに差し支えないとも思う。

　さて、フィールドで出会った爬虫類・両生類の捕獲方法について話を進めたい。飼育目的で捕獲する場合、捕まえた瞬間から飼育がスタートすると考えよう。

　両生類は素手で捕獲するが、生体にダメージを与えないよう長時間触れずにすみやかにタッパウェアかプラケースへ移動させ、直接触れた後は必ず石鹸で洗うこと。観賞魚飼育用のネットを利用しても良いが、素手で捕獲することで、野生に生きる彼らの動きや力・筋肉の具合などを体験してほしい。収容したケースには水を入れず、湿らせた落ち葉や苔を入れてすみやかに持ち帰る。カエルの卵塊はまとめて持ち帰るのではなく、少量にするか孵化した幼生（オタマジャクシ）を数匹程度にしたほうが良い。上陸後に与える細かい餌の確保はたいへんな世話となり、市販のコオロギのSSサイズを与えるにし

● イモリの飼育例

Newt keeping example

フラットタイプのプラ
ケースに砂利と土を敷
き、広めの水場を設置
したもの。全体に水を
張り、コルク片などを
浮かべて陸場としても
良い。水の中にいるイ
モリは人工フードを食
べてくれるので、世話
はより楽になる。

飼育ケース
フラットタイプのプラケー
スや爬虫類用ケースなど。

水 場
ケース全体に水を張っ
て陸場を設けても良い。

陸 場
シェルターと生きた
苔で隠れ家を設置。

ても、餌代だけで相当な出費となること
を覚悟したうえで捕獲する。なお、サン
ショウウオは基本的に飼育すべき生き
物ではなく、特に卵嚢を持ち帰ってもカ
エルと同じく育て上げられる確率は相
当低いと思われる。ベテラン飼育者で
も苦労し、そのことを知っているだけに
なかなか手を出さないほどだ。

爬虫類も基本的には素手で捕獲す
る。カメは拾い上げるように。スッポ
ンは噛みつかれないよう、縁甲板の後
部を掴む。つまり、甲羅の尾に近い部
分。網や仕掛けを用いて捕獲する方法
もあるが、彼らの動きなどを肌で感じて
もらいたいので割愛させていただく。
長靴を履いて小川などを探索している
と、水底を歩いていたり、岸辺を移動し
ていることが多いので、容易に素手で
捕まえることができるだろう。ヘビは
躊躇せず上方から掴み上げるように。
毒蛇の捕獲はしないこと。日中のヘビ
は体温が高く動きがすばやいのでやや
困難だが、こちらに気がつかれる前に

距離を詰めてしまうと良い。トカゲや
ヤモリは尾が切れてしまわないよう、
すばやく胴体を押さえ込むように捕ま
える。敏捷な種が多いため、トカゲの
頭かやや前方を目がけて捕まえよう。
近所を散歩していてニホントカゲをよ
く見かけるが、僕は成功率が3割くらい
である。壁面にへばりついているよう
に日光浴をしていたのなら、枝を拾って
落とすと捕まえやすい。撮影目的で姿
を消されると、いつもじっとその場で待
つことにしている。数分で出てきてく
れることが多い。捕獲したい時は、僕
の射程距離内に入るまで待ち、すばや
く捕まえる。連れて帰るわけではない
が、時々、根比べしたくなることがあっ
て、どうしても素手で捕まえようと必死
に追いかけることもある。この場合、
周辺に誰かいたら怪しまれたり質問さ
れると面倒なので、人影を確認したうえ
で行っているが。捕獲したら洗濯ネッ
トなどに入れ、車で持ち帰るならすみや
かに。車内のエアコンの吹き出し口付

近だと乾燥して死んでしまうこともあ
るので、温度変化が少ない後部席の足
元などに。ヘビは洗濯ネットのチャッ
クを締めるだけではなく、余裕があるな
らとぐろ大に結び身動きが取れないく
らいが落ち着きやすい。カメはサイズ
にもよるが、大きなプラケースやコンテ
ナボックスへ収容し、しっかりと蓋をし
ておくこと。古いプラケースなどで蓋
を持ち上げられそうな場合はガムテー
プを一周回して固定しておく。

理想的には、あらかじめ用意してお
いた飼育ケースに持ち帰った爬虫類・
両生類を収容するようにしておきた
い。各種の飼育方法についてはさまざ
まな手段やアプローチがあるので、専
門誌や『日本の爬虫類・両生類飼育図
鑑』（誠文堂新光社）などからたくさんの
情報を収集し、自分に合ったものを取
捨選択してほしい。これが正解だと決
めつけず、柔軟に対応することが大事
である。フィールドではさまざまな餌
を食べていることがわかるだろう。ま

サンショウウオの飼育例

Salamander keeping example

シンプルに、通気性の良いフラットタイプのプラケースに土を入れ、一部に苔をレイアウトしただけのもの。給餌の際は苔をめくってサンショウウオの目の前に餌昆虫を落としてやると良い。苔は湿度を保持しやすく、乾燥具合も把握でき、個体管理が行いやすい。

隠れ家
必須。潜れるような生きた苔を入れる。

床材
保水性の高い土などを入れる。

水場は入れない
水分補給は霧吹きで。

た、爬虫類・両生類にもそれぞれ個性や癖があるものだ。以下ではそれぞれについて紹介するが、あくまで一例として捉えてほしい。飼育に行き詰まったり、わからないことがあったら、答えに繋がるヒントを探しにフィールドに出てみよう。

いずれにせよ、持ち帰ってすぐに餌を与えるようなことをせず、飼育環境に落ち着いてから給餌を開始する。

両生類の飼育

飼育人口の最も多い両生類がアカハライモリかもしれない。ペットショップやホームセンターなどでよく見られるし、地域によっては普通にフィールドで出会える。イモリ用の人工餌もいくつか市販されており、飼育に必要な器具も揃えられるだろう。飼育ケースにはプラケースや爬虫類・両生類用ケースが向く。壁を登って脱走することもあるので蓋がついている製品のほうが安心。観賞魚用水槽を使う場合は別売りの網蓋などと組み合わせ、念のため網蓋の上にレンガなどで重しをしておこう。シンプルに水を張ってレンガや石・カメ用の浮島などを浮かべた飼いかたが管理も楽である。餌はイモリ用の人工フードをはじめ、冷凍アカムシなどさまざまなものをよく食べてくれる。水が汚れたら交換する。水中フィルターを設置しても良い。一方、水を張らず、砂利や土などを敷いて一部に広めの水場を設置し、陸場部分にシェルターを置いた飼育方法では、陸にいるイモリに口に入るサイズのコオロギやミルワームなどを餌入れかばら撒いて与えることになる。飼育温度はあまり気にしなくても良いが、夏場の室内はフィールドよりも暑くなることがある。エアコンを稼働させたり、涼しい場所へ移動させてよう。夏場は水も腐敗しやすいため、交換頻度も増す。土と苔・植物などを配した美しいビバリウムでイモリを飼うケースも増えてい

る。水中フィルターなどで小さな滝や沢を再現したり、深めの水場を作ったりと箱庭のような飼育環境だ。見ためもきれいでイモリもさまざまな場所を選べるが、複数匹を飼っている場合は苔の中に潜っていたりするものだから、個体ごとの健康管理がやや把握しにくくなる。餌やりの際はピンセットで1匹ずつ給餌して、痩せるイモリが出てこないように気をつけよう。

日本のサンショウウオは飼育すべき生き物ではないが、オオサンショウウオを除いた小型のサンショウウオの飼育方法を参考までに紹介しておく。飼育ケースとしては、通気の良いフラットタイプのプラケースが最も管理しやすい。レイアウトはシンプルに。湿らせた腐葉土か砂利に、ハイゴケやシノブゴケなど生きた苔を半分程度入れるのみでかまわない。なお、砂利よりも土と苔の組み合わせのほうが湿り気を維持しやすいと言える。水入れは不要。土の表面が乾いてきたら霧吹きをする程

度にし、苔は指で触れてやや湿り気のある程度に。込み入ったレイアウトで複数匹飼育すると給餌の際、個別の状態確認をしにくくなる。餌は口に入るサイズのワラジムシやコオロギ・ミルワーム・ミミズなど。シルクワームやハニーワームはあまり与えないほうが良いと言われている。たいてい苔の下にいるので、給餌の際は苔をめくり上げ、サンショウウオの目の前に落としてやるとすぐに食らいつくことが多い。イモリよりもじっとしていて代謝が低いのか給餌量やペースは低くてかまわない。個体の体型を見て調整する。複数匹を飼育していると、餌と間違って他個体の頭や指先に噛みついてしまうこともよくある。個体ごとに目の前に餌を落としてやるか、奪い合いにならないよう餌昆虫を1匹ずつ離した位置に落としてやると良い。水入れを設置しても良いが、常に清潔にしておかないと特にハコネサンショウウオの仲間はすぐ死んでしまう。飼育環境内の水の劣化には弱いので常時清潔な水を維持できないくらいなら、水入れを設置しないほうが良いだろう。ある程度の乾燥にも耐えることができるが、干からびてしまうような過乾燥は厳禁。霧吹きなどで十分なので、時折、雨を降らせるイメージで水分補給をする。苔は山から採取してきても良いがムカデなどが混入していることもある。飼育ケース内に持ち込んで全滅してしまったという話も聞くので、ペットショップなどで市販されている苔のほうが安心して使える。ハイゴケ・シノブゴケ・ツヤゴケなどが使いやすいだろう。飼育気温は目安として15〜20℃程度まで。ハコネサンショウウオはさらに低く設定する。

イモリと同じく、飼育人口の多いのがニホンアマガエルやヒキガエルだ。身近で庭や近くの公園・田んぼなどで捕まえて飼っている人も多いと聞く。ア

オガエルやアマガエルなどは自然を切り取ってきたかのような、植物や枝などを組み合わせてきれいにレイアウトした箱庭的な飼育環境で飼うこともできる。フィールドで見かけた光景や写真を見ながらレイアウトするのも良いだろう。通気性に優れ、網蓋を備えた爬虫類用ケースでの飼育が望ましい。土を敷いて植物を植え込むと湿度の保持も期待できるし、植物まわりはカエルの休息場所も兼ねる。空気がこもらな

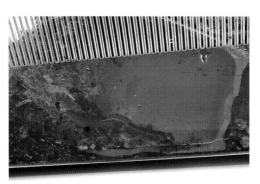

多くの爬虫類・両生類に共通するが、レンガを半分に切ったシェルターを壁面に貼り付けるように設置し、外側から黒い紙などを貼りつけて内部が明るくならないようにしておくと観察しやすい。紙をめくるだけで隠れ家で休んでいる様子を楽しめるだろう。

いようにすることと、水場を入れたうえでの乾燥気味の飼育環境がカエル飼育のコツの1つ。大型のモリアオガエルの場合は枝流木や枝を渡す。植物育成用のライトを昼間照射し、植物とケース全体に霧吹きを定期的に行って飼育環境全体を管理したい。いずれも水入れを設置し、汚れたら交換して常に清潔に。餌はコオロギやミルワーム・ミミズなどをケース内にばら撒いて与える。オスは飼育ケース内でも鳴くが、飼育者の話を聞くとみな心地良かったり気にならないという。温度は通年20℃程度あれば十分で、夏場、飼育部屋があまりに暑くなってしまう場合は涼しい場所へ移動させるかエアコンを稼働させる。一方、カジカガエルやアカガエルの仲間(ニホンアカガエル・ヤマアカガエル・タゴガエル・トノサマガエル・ダルマガエル・ツチガエル・ヌマガエルなど)は水場面積を広くし、同じ

く常に清潔に。アマガエルやアオガエルと同じく、基本的には通気性を良く、水容器を設置し、全体は乾燥気味の飼育環境が良い。砂利を入れてひたひたになるくらい水を張り、陸場を兼ねてシェルターを置く程度のシンプルな飼育環境でも良いし、60cm水槽などを用いて地形に傾斜をつけ、植物を植え込んだり、石や枝を配した水辺を再現した環境でも飼育できる。壁面を登ることができるので、網蓋は必ず設置する。観賞魚用のガラス蓋では空気がこもるため使用しないこと。跳躍力に優れた種がほとんどだが、飼育環境に落ち着くとケースにぶつかるようなことはほとんどなくなる。そのためには、シェルターの設置が効果的。大型のトノサマガエルでも中型のプラケース程度から飼育できる。大型のヒキガエルは爬虫類・両生類用ケースや衣装ケース・コンテナボックスなどを用い、同じく、水入れと隠れ家を設置する。餌は昆虫類。給餌ペースや量は、時期や個体によって異なってくる。イモリもカエルも、腰骨の浮き具合や体型を目安にすると良い。ヒキガエルはたくさんの餌を食べるので、体型を見ながら相応の量を与える。概ね、イモリもカエルも腰骨が浮いているようでは痩せているし、フィールドで見られないくらいまるまると太っていたら、餌の与えすぎか運動不足。フィールドに出て野生のカエルやイモリと見比べながら飼育環境を見直そう。餌の食べ残しは取り除く。特にコオロギなどは逆にカエルを齧ることもあるため、脚を折ってから与えるなど動きを制限して捕食しやすくしても良い。

爬虫類の飼育

爬虫類でも一般的にカメは特別の存在なようで、広く愛され、飼育されてき

●カエルの飼育例

Frog keeping example

隠れ家
レンガや爬虫類・両生類用の
素焼きのシェルターが向く。

植 物
生きた植物は隠れ家と湿
度保持の役割を果たす。

池
身体が浸かれるサイズ
の水場を設置。

爬虫類用ケース
に軽石と土、水入
れ、シェルター、
枝を渡した。水入
れの大きさは飼育
しているカエルに
合わせ、体が浸か
ることができるよ
うにする。

た生き物である。クサガメやミシシッピアカミミガメは丈夫で飼いやすく、ペット用としても広く流通している。ところが、日本が誇る固有種ニホンイシガメの屋内飼育は難しい。庭などで飼育するには飼いやすいが。また、両生類と異なり、昼行性の爬虫類は多かれ少なかれ生きるために太陽光が必須で、

紫外線を供給しなければならない。爬虫類飼育用の紫外線ライトは、専門店などで入手できるので利用しても良いだろう。気候の異なる外国産のカメやトカゲを飼っている愛好家は紫外線ライトを照射して室内の飼育ケースで育成しているが、日本の爬虫類なので庭やベランダなどに出すことで太陽光を

浴びせるのが手っ取り早い。また、爬虫類は日向と日陰を行ったり来たりすることで体温を調整している。自然下でも、活動できる体温に上がるまで日向でじっと日光浴をし、餌探しに出かける。うまく餌にありつけたら消化のため、また日向で休む。飼育環境でも日向と日陰に代わる、温度勾配を設けて

あげなければならない。ヒーターを設置する場合はケースの半分程度にし、それ以外は涼しい場所とする。太陽光や紫外線も飼育ケース全体にまんべんなく当たるようにするのではなく、明暗差をつけて爬虫類が行き来して選ぶことができるようにすることが大事だ。

ニホンイシガメでは特に屋外での飼育が推奨されるので、ニホンイシガメ・クサガメ・ミシシッピアカミミガメを庭などで飼う例を紹介する。庭の一角を囲って飼育場とする場合は田んぼなどで使うあぜ板などを利用し、カラスなどに襲われないようネットなどで覆う。水場と陸場を設け、飼育環境内に木箱などを置いて、日陰と日向ができるようにしよう。冬場は入り口を開けた木箱などを置いて落ち葉を敷き詰め、冬眠場所とする（水中で冬眠するカメもいる。氷が張ったら死亡するので、上に水面に蓋をして起きないよう暗くすると同時に氷が張らないように）。餌はカメ用の人工フードが多種類市販され

ているので困ることはないだろう。他には魚や肉類も食べる。ベランダ飼育の場合、カメ飼育用のケース（爬虫類店などで入手可）を用いている愛好家も多い。飼育ケースの形状自体が陸場と水場に分けられ、カメ専用の使い勝手の良い製品もある。サイズもさまざまなものが揃っている。水場と陸場が行き来できるようならコンテナボックスなどでもかまわないが劣化しやすい。ベランダは向きにもよるが、直射日光が厳しい場合があるので、網蓋の上に板などを半分乗せて、ケース内に明暗と温度差ができるようにしよう。夏場は水温の上昇が怖いので、日陰面積を増やすなど対処する。スッポンを飼育する場合は、潜れることのできる厚さに細かい砂を敷くと砂中がシェルターとなる。水棲傾向が高く、川底に潜っていることの多いスッポンだが、日光浴も好むので陸場を設置して甲羅干しができるようにしよう。

ヘビは紫外線ライトの照射が不要

で、飼育しやすい爬虫類だ。飼育スペースも小さくて良いし、給餌頻度も低い。アオダイショウやシマヘビ・アカマタなどは餌食いも良く丈夫で飼育向きのヘビと言えるだろう。簡素な飼育環境で良く、爬虫類ケースなどに新聞紙を敷いて水入れとシェルターを置き、床面の半分ほどをシートヒーターで保温して温度勾配を設ければ良い。糞などで汚れたら新聞紙を交換する。あえて冬眠させず、通年、20〜25℃程度を維持して飼っても良いだろう。餌は爬虫類店などで入手できるピンクマウスなど。餌付けられるかどうかの成否は捕まえかたにも左右されることが多いので、捕獲の際は乱暴に扱わないこと。リュウキュウアオヘビなどは食性以外は飼いやすいが、餌のミミズを安定して入手できるようにしなければならない。タカチホヘビもミミズ食で、生息地で捕まえたミミズを好むとされている。口が小さいのでサイズの見合うミミズを選択しよう。ただし、タカチ

● ヘビの飼育例

Snake keeping example

プラスチック製の爬虫類・両生類用ケースを使用したもの。前面部が開閉できるので、餌やりやメンテナンスが行いやすい。床材の新聞紙は汚れたら交換する。水入れとシェルターも爬虫類・両生類用の使い勝手の良い製品。

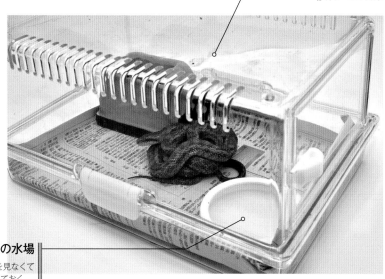

飼育ケース
脱走名人のヘビには、しっかりとロックできる爬虫類用飼育ケースが便利。

飲み水用の水場
飲んでいる姿を見なくても、必ず設置しておく。

●トカゲの飼育例

Lizard keeping example

飼育ケース
重量が軽くて通気性の
良いプラケースが向く。

日光浴場
石などは暖を取り
やすい場となる。

スリットが入る通気性の良いフラットタイプのプラケースを利用し、土と苔、水入れとシェルターを設置。シェルターはレンガを糸鋸で半分に切断したもの。カナヘビを飼うのなら、細かな枝流木や植物を植え込んでも良いだろう。軽量の飼育ケースなので、曇りの日や春や秋などはケースごと外に出して太陽光を浴びせよう。

ホヘビの長期飼育例はほとんどなく、交尾・産卵から仔ヘビを育て上げられたという例はほぼない。ペットとして流通するヘビを含め、最も飼育すら困難な種の1つではないだろうか。"飼育を楽しむヘビ"ではなく、"観察を楽しむヘビ"と言える。ヒバカリはメダカなどの小魚やミミズなども食べる。野生下ではニホントカゲやタカチホヘビなどを食べているシロマダラの飼育はなか

なか難しい（餌用ヤモリなども食べる）が、それらのにおいをピンクマウスに付けることで餌づけた例がいくつか報告されている。いずれにせよ、給餌量やペースは飼育温度や個体サイズなどで異なるので、飼育しているヘビの体型を見ながら調整しよう。フィールドのヘビがどれくらいの体型なのか実際に見に行くのがおすすめである。

トカゲも他の爬虫類と同じく、春先か

ら捕獲して飼育し始める人が多い。ニホントカゲ・ニホンカナヘビ・ニホンヤモリが代表的だろう。沖縄ではホオグロヤモリやミナミヤモリなども挙げられる。テリトリー意識が高く闘争することもあるので、基本的には単独飼育が良い。ヤモリには不要だが、他のトカゲはカメと同じく、多かれ少なかれ成長に紫外線が必須である。爬虫類用ライトを照射しても良いが、日本で日本

● カメの飼育例 屋外
Turtle keeping example

愛好家宅のカメ屋外例。庭の一角を囲い、水場がかさ上げしてある。こうすることで排水がスムーズになる。日陰と日向があり、理想的な飼育場である。

● カメの飼育例 屋内

Turtle keeping example

自作のケースにて、窓際にあるため自然光が注ぐ。水場まで傾斜が設けられ、毛足の短かなマットは、カメの爪が引っかかりやすく移動しやすいといった利点もある。

日 光
太陽光が差し込む窓際に設置した例。

自作ケース
網はしっかりと固定すること。水場まで傾斜をつけ、カメが移動しやすくなっている。

床 材
ここでは毛足の短いマットを利用。

の生き物を飼うので、ここでは紫外線ライトを使用しない方法を紹介する。飼育ケースは通気性の良いプラケースか軽量の爬虫類ケースを用い、土を敷いて潜れるような苔や落ち葉を配すとそこがシェルターも兼ねる。飲み水場として水入れも設置しよう。カナヘビなどには植物を植え込んだり枝などを入れても良い。窓際に置いて網戸越しに太陽光を浴びせるようにするか、春や秋などはケースごと軒下などに置くのも1つの方法だ。必ず日陰ができるようにし、夏場などはオーバーヒートさせないよう気をつけること。一方、ヤモリは高さのある爬虫類ケースか、フラットタイプのプラケースを縦に置き、コルク板などを置いて彼らの活動場所を増やすとともに物陰を作る。定期的に霧吹きで壁面に水滴を作り、滴を飲ませてあげよう。ヘビやカメよりもサイズの小さなトカゲやヤモリは水切れに弱いので、夏場やエアコンを稼働させている部屋で飼育している際は、水入れが空っぽになっていないか注意したい。水切れによる脱水などで殺してしまうケースもよくある。餌は飼育個体の頭ほどの大きさのコオロギやミルワーム・ワラジムシなど。

まとめ

飼育に関しては、大谷勉先生と栗下光幸さん、上原陽子さん、森田亮さん、平野智さんをはじめ多くの方々にアドバイスを頂きました。この場を借りてお礼申し上げます。偉そうに話をしてきましたが、自分では撮影も観察も奥深く、まだまだ発展途上だと考えています。そもそも、写真については読み手が決めるもので、自分で良い写真だと決めつけるのはおかしいという考えもあります。本を作るための写真＝人様に見てもらうための写真を意識していることもあるかもしれませんが。ともあれ、撮影も本作りも、そして、フィールドワークも継続し、さらなる成果を得て本を通してより多くの方々にお伝えできればと思います。全ては、日本の爬虫類・両生類たちがますます大事にされていくことを願って。

カメ飼育用のケース。爬虫類専門店などで入手できるもので、軽量なことも利点。日光浴などの際はケースごと移動させることができる。

【編集・写真・執筆】

川添 宣広

1972年生まれ。早稲田大学卒業後、出版社勤務を経て2001年に独立 (http://www.ne.jp/asahi/nov/nov/nov/HOME.html)。爬虫・両生類専門誌『クリーパー』をはじめ、『レオパのトリセツ』（クリーパー社）、『爬虫・両生類ビジュアルガイド』『爬虫・両生類パーフェクトガイド』『爬虫類・両生類フォトガイド』シリーズほか、『爬虫類・両生類ビジュアル大図鑑1000種』『エクストラ・クリーパー』『日本の爬虫類・両生類生態図鑑』（誠文堂新光社）、『ビバリウムの本　カエルのいるテラリウム』（文一総合出版）、『爬虫類・両生類1800種図鑑』（三才ブックス）など手がけた関連書籍、雑誌多数。

【参考文献】

クリーパー／クリーパー社
日本の爬虫類・両生類観察図鑑／誠文堂新光社
日本の爬虫類・両生類飼育図鑑／誠文堂新光社
原色爬虫類・両生類検索図鑑／北隆館

【協力】

稲葉洋、井上功士、岩本妃順、上原陽子、大内友哉、大谷勉、小畑敬済、亀工房・前澤勝典、河村衛、栗下光幸、小家山仁、幸地賢吾、佐久間聡、寺尾佳之、寺岡誠二、戸村はるい、永井浩司、中川宗孝、中川遊野、中川翔太、馬瀬美利、長谷川巌、長谷川実継、平野智、星野一三雄、星野巽、堀田秀樹、松村しのぶ、三ツ矢一美、森田亮、吉川貴臣、NICOLAY A.POYARKOV、カフェリトルズー、カミハタ養魚、桔梗屋、クリーパー社、高田爬虫類研究所、リミックス ペポニ、わんぱーくこうちアニマルランド、レプレプ、他多数。（順不同、敬称略）

【制作】

茂手木 将人 (STUDIO 9)

フィールドワーク・採集・飼育・撮影に役立つ

日本の爬虫類・両生類 野外観察図鑑

2020年8月30日　発　行　　　　　　　　　　NDC482

著　者　川添宣広
発行者　小川雄一
発行所　株式会社 誠文堂新光社
　　　　〒113-0033 東京都文京区本郷3-3-11
　　　　[編集] 電話03-5800-5776
　　　　[販売] 電話03-5800-5780
　　　　https://www.seibundo-shinkosha.net/
印刷・製本　図書印刷 株式会社